高职高专项目课程系列教材

电力电子器件与应用

李俊梅　康秀强　等　编著

ZHEJIANG UNIVERSITY PRESS
浙江大学出版社

内容提要

　　本书是高职高专项目课程系列教材之一,主要特点是从实际应用电路出发,集理论教学与实践教学于一体,可有效地提高学生的学习兴趣。主要内容包括整流电力电子器件及应用、开关电源的应用与设计、交流电力控制电路、逆变电路和变频器的使用等。

　　本书适用于实施项目课程教学改革的电子电气类专业的学生或教师使用。

图书在版编目(CIP)数据

　　电力电子器件与应用 / 李俊梅,康秀强等编著. —杭州:浙江大学出版社,2010.2
　　ISBN 978-7-308-07347-9

　　Ⅰ.①电… Ⅱ.①李… ②康… Ⅲ.①电力系统—电子器件—高等学校:技术学校—教材 Ⅳ.①TN303

　　中国版本图书馆 CIP 数据核字(2010)第 015171 号

电力电子器件与应用

李俊梅　康秀强　等　编著

责任编辑	黄娟琴	
文字编辑	王元新	
封面设计	陈　辉	
出版发行	浙江大学出版社	
	(杭州市天目山路 148 号　邮政编码 310007)	
	(网址:http://www.zjupress.com)	
排　　版	杭州大漠照排印刷有限公司	
印　　刷	临安市曙光印务有限公司	
开　　本	787mm×1092mm　1/16	
印　　张	9.25	
字　　数	231 千	
版 印 次	2010 年 2 月第 1 版　2010 年 2 月第 1 次印刷	
书　　号	ISBN 978-7-308-07347-9	
定　　价	20.00 元	

序

近年来在政府推动与经济发展需求的刺激下,我国高等职业教育规模有了很大发展。

全国职业教育工作会议的召开,又为高职发展带来了新的历史机遇。然而,我们可以在短短几年内建设起大量被称为高职学院的校舍,却无法在短期内形成真正的高职教育。如何突显特色已成为困扰高职发展的重大课题;高职发展已由规模扩充进入了内涵建设阶段。内涵建设既需要理论支持,也需要时间积淀,但积极地探索与行动总是有益于这一进程的。已形成的基本共识是,课程建设是高职内涵建设的突破口与抓手。加强高职课程建设的另一个重要出发点,是如何让高职生学有兴趣、学有成效。在传统学科知识的学习方面,高职生是难于和本科生相比的;如何开发一套既适合高职生学习特点,又能增强其就业竞争能力的课程教材,是高职课程建设面临的另一重大课题。

要有效地解决这些问题,建立能综合反映高职发展多种需求的课程体系,必须进一步明确高职人才培养目标,其课程内容的性质及组织框架。为此,不能仅仅满足于"高职到底培养什么类型人才"的论述,而是要从具体的岗位与知识分析入手。高职专业的定位要通过理清其所对应的工作岗位来解决,而其课程特色应通过特有的知识架构来阐明。也就是说,高职课程与学术性的大学课程相比,其特色不应仅仅体现在理论知识少一些,技能训练多一些,而是要紧紧围绕课程目标重构其知识体系。我们认为项目课程不失为一个有价值与发展潜力的选择。其历史虽然久远,我们却赋予了其新的内涵。

(1) 能力观,即项目课程的目标是培养学生的职业能力。现有高职课程基本上还是知识体系,极少体现这一目标。以职业能力为目标不能只是口号,而是要在各个环节紧紧围绕这一目标来设计课程。比如课程目标的描述,要明确指出学生"能够(会)做什么"。能力也不同于操作技能,职业能力更加强调的是在复杂的工作情境中进行分析、判断并采取行动的能力。

(2) 联系观,即要把知识与工作任务之间的联系作为重要课程内容。职业能力的形成并非仅仅取决于获得了大量理论知识,如果这些知识是在与工作任务相脱离的条件下获得的,那么仅仅是些静态的知识,无法形成个体的职业能力。只有能在知识与工作任务之间建立复杂联系的人,才可称为具有职业能力的人。可见,项目课程并非如通常所设想那样只是出于功利目的,而是建立在职业能力形成的联系观基础之上的。

(3) 结构观,即强调对课程结构的整体设计,包括课程体系结构与内容组织结构。因为知识也是影响职业能力形成的重要变量。课程体系结构设计的基本依据是工作体系结构;内容组织结构设计的基本依据是工作过程中的知识组织关系。其获得的基本手段是工作分析。

（4）综合观，即综合运用相关操作知识、理论知识来完成工作任务。项目课程就是重点关注如何综合运用所获得的操作知识、理论知识来完成工作任务，从而形成在复杂的工作情境中作出判断并采取行动的能力；它也更关注工作任务之间的联系。

（5）结果观，即以典型产品或服务为载体设计教学活动。通过这种"完整性活动"，学生可获得有工作意义的"产品"，不仅可以增强学生对教学内容的直观感，而且有利于增强学生的成就动机。

教材是课程理念的物化，也是教学的基本依据。项目课程的理念要大面积地转化为具体的教学活动，必须有教材作支持。基于这一设想，我们自 2004 年起，一直致力高职院校及教师合作，开发出能体现项目课程上述理念、符合高职教育水准及特色的专业课程教材，以期对我国高职发展作出贡献。这些教材力图彻底打破以知识传授为主要特征的传统学科课程模式，转变为以工作任务为核心的项目课程模式，让学生通过完成具体项目来构建相关理论知识，并发展职业能力。其课程内容的选取紧紧围绕工作任务完成的需要来进行，同时又充分考虑了高职教育对理论知识学习的需要，并融合了相关职业资格证书对知识、技能和态度的要求。每个项目的学习都要求按以典型产品为载体设计的活动来进行，以工作任务为中心整合理论与实践，实现理论与实践的一体化。为此，有必要通过校企合作、校内实训基地建设等多种途径，采取工学交替、半工半读等形式，充分开发学习资源，给学生提供丰富的实践机会。教学效果评价可采取过程评价与结果评价相结合的方式，通过理论与实践相结合，重点评价学生的职业能力。

在开发新教材的同时，我们也在实验性地进行教学尝试。结果表明，尽管要全面实施项目教学目前还存在一定困难，如教师能力、实训条件等，但这种教学模式的确有利于大大提高学生学习兴趣与教师教学质量。学生不仅感受到了知识的应用价值，而且学会了如何应用这些知识。只要教师勇于创新，敢于挑战传统教学模式，其中的许多问题是不难克服的。今后，我们将深化对教学过程的研究，为项目课程实施提供详细案例，同时开发教学辅助材料，以更好地促进项目课程的实施。

由于项目课程教材的结构与内容和原有教材相比差别很大，因此其开发是一个非常艰苦的过程。为了使得这套教材更能符合高职学生的实际情况，我们坚持所有编写任务均由高职教师承担，他们为这套教材的成功出版付出了巨大努力。倍感欣慰的是，参与这个项目的高职院校对我们的工作都非常支持，他们不仅组织了大量精干教师和企业专家参与教材开发，而且为我们创造了许多优越条件，没有他们的大力支持，要取得这些成果是难以想象的。在此，还要感谢编委会专家对这个项目的热心支持与精心指导。

实践变革总是比理论创造复杂得多。尽管我们尽了很大努力，但所开发的项目课程教材还是非常有限的；由于这是一项尝试性工作，在内容与组织方面也难免有不到之处，尚需在实践中进一步完善。但我们坚信，只要不懈努力，不断发展和完善，最终一定会实现这一目标。

石伟平　徐国庆

2009 年 11 月于华东师范大学

前 言

PREFACE

  本书是浙江工贸职业技术学院与华东师范大学合作,进行项目化课程教学改革的系列教材之一,是为电子信息与电工电子技术类高职高专学生开设项目课程而开发编写的。所谓项目课程,是指以职业生涯为目标,以工作结构为框架,以职业能力为基础,以培养学生与现代技术相适应的技术实践能力为主要内容,以弹性和综合性为特征,多种课程形态相结合的课程。项目课程要以多媒体技术、多种学习情景、多种学习方法等多种课程形态为教学手段,激发学生学习的欲望和需求,达到改善并提高教学效果的目的。

  项目课程的显著特点是学生边学边做边研讨。原则上,学习每个工作项目或电路模块后,要完成一个小的电力电子产品的研制。在结构编排上,以项目为单元,每个单元又划分为几个不同的模块。基于每个项目的工作任务,教师的主要职责是"教练",使学习过程变得轻松自如。

  本书以典型的实际应用电路项目或电路模块为单元,以问题引出项目所涉及的理论与实践知识。本书共安排了"路灯自动控制开关电路的设计与制作"、"直流电动机无级调速电路的设计与制作"、"电冰箱失压、过压、过流自动保护电路"、"三星手机充电器的分析"、"DVD机开关电源的分析"、"调光台灯"、"交流稳压器"、"小功率方波逆变器"、"串级调速系统"和"变频器的使用"10个模块。

  本书由浙江工贸职业技术学院、温州职业技术学院和浙江东方职业技术学院的教师共同开发编写,由李俊梅、康秀强等编著,张小冰、苏一菲、李庆海参编。具体的编写分工为:项目一由李俊梅和李庆海编写;项目二由苏一菲编写;项目三、项目四和项目五由康秀强编写,张小冰校对;全书由李俊梅统稿。

  本书可以作为高职高专电子信息类、电工电子技术类、机电类等专业学生的"电力电子技术"课程的教材;也可作为生产一线电工电子技术和机电技术人员的参考书。

  本书在编写过程中,得到华东师范大学、浙江大学和浙江工贸职业技术学院相关老师的指导和帮助,在此一并感谢。由于编者水平和资料收集所限,疏漏和错误在所难免,恳请读者批评指正。

作　者

2010 年 1 月于温州

目 录
CONTENTS

项目一　整流电力电子器件与应用

本项目是通过三个不同层次的实用电力电子电路的实例，即路灯自动控制开关电路的设计与制作、直流电动机无级调速电路的设计与制作和电冰箱失压、过压、过流自动保护电路，引导学生建立对整流电力电子器件的学习兴趣与基本认识，获得搭建简单电力电子器件与应用电路的能力。

模块一　路灯自动控制开关电路的设计与制作

一、教学目标

1. 终极目标

学会搭建路灯自动控制开关电路的方法。

2. 促成目标

（1）熟悉电力电子器件及其导通、关断的方法。

（2）明确电力电子器件的触发电路。

（3）学会利用电力电子器件搭建简单的应用电路的方法。

二、工作任务

搭建如图 1-1 所示的路灯自动控制开关电路，使它能够根据光照的强度实现自动控制路灯的通、断功能。其中，U_c 为工作电源，KA 为与电源同等级的直流继电器，T 为 PNP 型的三极管，C 为电容，VT 为普通晶闸管，NE555 定时器为核心控制元件，其内部结构如图 1-2 所示。

路灯自动控制开关的工作原理如下：

当傍晚光照强度渐弱时，光电三极管 T_V 的电压降逐渐变大，升到高于 $\frac{2}{3}U_c$ 时，则 NE555 的 2、6 脚输入为低电平，NE555 定时器内部的 RS 触发器（见图 1-2 中虚框）输出为高电平，则 3 脚输出为高电平，使三极管 T 关断，触发晶闸管 VT 导通，继电器 KA 得电吸合，其动合触点 KA 闭合，使灯 HL 点亮。同时电容 C 充电，其极性左正右负。当清晨光照强度渐强时，光电三极管 T_V 的电压降逐渐变小，降到低于 $\frac{1}{3}U_c$ 时，NE555 的 2、6 脚输入为高电平，其内部的 RS 触发器输出为低电平，此时三极管 T 导通，电容 C 通过它放电，使 VT 承受反压而关断，KA 失电释放，其动合触点断开，灯 HL 熄灭。电容 C 放完电后又反向充电，电容 C 充电极性为左负右正。到傍晚又重复上述过程，从而使路灯按照光照强度，自动点亮和熄灭。

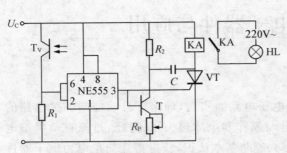

图 1-1　路灯自动控制开关电路

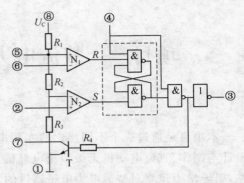

图 1-2　NE555 定时器内部结构

①—接地端；②、⑥—两个电压比较器的输入端；③—输出端；④—复位端；⑤—控制电压；⑦—放电端；⑧—电源

三、相关的实践知识

1. 熟悉电力二极管

（1）观察电力二极管的结构

电力二极管是指可以承受高电压、大电流及具有较大耗散功率的二极管，在电路中常作为整流、续流、电压隔离、钳位或保护元件。电力二极管的内部结构是一个 PN 结，是通过扩散工艺制作的。电力二极管和普通中、小功率二极管一样，具有单向导电性。电力二极管引出两个极，分别称为阳极 A 和阴极 K。如图 1-3（a）所示为电力二极管的外形图，图1-3（b）所示为电力二极管的结构图，图 1-3（c）所示为电力二极管电气图形符号。

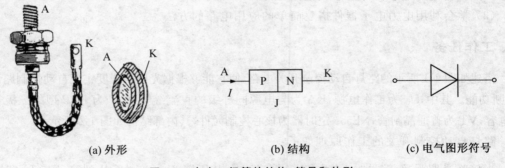

(a) 外形　　　　　　　　(b) 结构　　　　　　　　(c) 电气图形符号

图 1-3　电力二极管的结构、符号和外形

由于电力二极管功耗较大，因此其外形通常采用螺旋式或平板式两种易于散热的结构。螺旋式二极管的阳极紧栓在散热器上。平板式二极管又分为风冷式和水冷式，它的阳极和阴极分别由两个彼此绝缘的散热器紧紧夹住。图 1-3（a）左侧所示为螺旋式电力二极管的外形，右侧所示为平板式电力二极管的外形。

电力二极管按恢复时间又可分为普通电力二极管和快速恢复电力二极管。快速恢复电力二极管在开通和关断过程中，正向和反向恢复时间比普通电力二极管短得多。所以，通常用于高频逆变器、高频整流器和缓冲电路中。

（2）测试电力二极管的伏安特性

利用如图 1-4 所示的电力二极管特性测试电路，测试电力二极管的电压与电流的关系，得到电力二极管的阳极和阴极间的电压 u_{AK} 与流过管子的电流 i_A 之间的关系，称为伏安特性曲线，如图 1-5 所示。

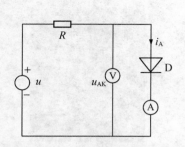

图 1-4　电力二极管特性测试电路

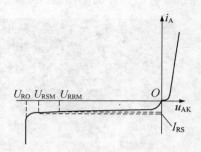

图 1-5　电力二极管的伏安特性

经分析可知，当对电力二极管加从零逐渐增大的正向电压时，开始阳极电流很小，这一段特性曲线很靠近横坐标轴，称为死区。当正向电压大于 $0.5V$ 时，正向阳极电流急剧上升，管子正向导通，阳极和阴极两端电压维持在 $1V$ 左右。如果电路中不接限流元件，电力二极管将被烧毁。

当对电力二极管加上反向电压时，起始段的反向漏电流很小，随着反向电压增加，反向漏电流略有增加，但增加的幅度很小。当反向电压增加到反向不重复峰值电压 U_{RSM} 时，反向漏电流开始急剧增加。若对反向电压不加限制，电力二极管将被击穿。

2. 熟悉晶闸管

（1）观察晶闸管的结构

晶闸管（thyristor），曾称为可控硅（silicon controlled rectifier，SCR）。晶闸管作为大功率的半导体器件，只需用几十至几百毫安的电流（控制极），就可以控制几百至几千安的大电流（阳极），实现弱电对强电的控制。

晶闸管为四层（P_1、N_1、P_2、N_2）三端（阳极 A、阴极 K、门极 G）器件，其内部结构和等效电路如图 1-6 所示。

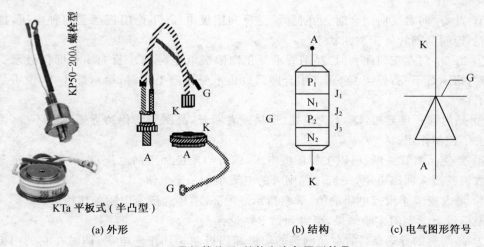

(a) 外形　　　　　　　　　(b) 结构　　　　(c) 电气图形符号

图 1-6　晶闸管外形、结构和电气图形符号

晶闸管从外形上看有三种封装形式,即塑封型、螺栓型和平板型。塑封型额定电流多用10A以下;螺栓型额定电流一般为10～200A;平板型额定电流则用于200A以上。晶闸管工作时,由于器件损耗而产生热量,需要通过散热器降低管芯温度。器件外形是为便于安装散热器而设计的,带有散热器的晶闸管外形如图1-7所示。

图 1-7　带有散热器的晶闸管

(2)判别晶闸管导通与截止的条件

利用如图1-8所示电路,判别晶闸管的导通条件和关断截止条件。主电源U_A和门极电源U_G通过双刀双掷开关Q_1和Q_2正向或反向闭合接通晶闸管的有关电极,用指示灯EL和电流表来观察晶闸管的通断情况,其中R_P为限流电阻。

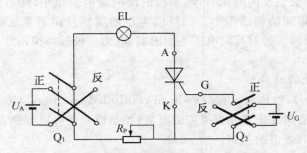

图 1-8　判别晶闸管导通与关断截止的条件

操作如下:

① 当Q_1向右反向闭合时,晶闸管承受反向阳极电压,不论门极承受何种电压,指示灯都不亮,说明晶闸管处于关断状态。

② 当Q_1向左正向闭合时,晶闸管承受正向阳极电压,当Q_2反向闭合即门极承受反向电压时,指示灯不亮;仅当Q_2正向闭合即门极也承受正向电压时,指示灯才亮,说明晶闸管导通了。

③ 晶闸管一旦导通,Q_2不论正接、反接或者断开,晶闸管均保持导通状态不变,说明门极失去了控制作用。

④ 要使晶闸管关断,可以去掉阳极电压,或者给阳极加反向电压;也可以降低正向阳极电压数值或增大回路电阻,使流过晶闸管的电流小于一定数值。

⑤ 增大或减小限流电阻的值,观察指示灯的亮度,体会限流电阻的作用。

根据以上学生的实验结果,可得到如下结论:

① 晶闸管的导通条件:在晶闸管的阳极和阴极两端加正向电压,同时在它的门极和阴极两端也加正向电压,两者缺一不可。

② 晶闸管一旦导通，门极即失去控制作用，因此门极所加的触发电压一般为脉冲电压。晶闸管从阻断变为导通的过程称为触发导通。门极触发电流一般只有几十到几百毫安，而晶闸管导通后，可以通过几百、几千安的电流。

③ 晶闸管的关断条件：使流过晶闸管的阳极电流小于一定值，这个值称为维持电流 I_H，也是保持晶闸管导通的最小电流。

④ 限流电阻兼有调光的作用。

四、相关的理论知识

1. 电力二极管

（1）电力二极管的分类

采用不同的结构和工艺，可以制作出不同类型的电力二极管，用于不同的控制电路中。常用的电力二极管大致可分为如下几种：

① 整流电力二极管：主要用于开关频率不高（1kHz 以下）的整流电路中。其反向恢复时间较长，一般在 5μs 以上。但其正向电流定额和反向电压定额却可以达到很高，分别可达数千安和数千伏以上。

② 快恢复二极管：其恢复过程很短，特别是反向恢复过程很短（一般在 5μs 以内）。可用于要求很短恢复时间的电路中，或高频率整流与逆变的电路中。

③ 肖特基二极管：是以金属和半导体接触形成的一种特殊二极管，其反向恢复时间更短（一般在 10～40ns），正向恢复过程中也不会有明显的电压过冲；在反向耐压较低的情况下，其正向压降也很小，明显低于快恢复二极管。因此，其开关损耗和正向导通损耗都比快恢复二极管小、效率高。肖特基二极管的弱点在于：当所能承受的反向耐压提高时，其正向压降也会高得不能满足要求，因此多用于 200V 以下的低压场合；反向漏电流较大且对温度敏感，因此反向稳态损耗不能忽略，而且必须更严格地限制其工作温度。肖特基二极管适用于高频小功率整流或高频控制电路。

（2）电力二极管的参数与选用

1）额定正向平均电流 I_F

在规定的环境温度为 40℃ 和标准散热条件下，PN 结温度稳定且不超过 140℃ 时，所允许长时间连续流过 50Hz 正弦半波的电流平均值称为额定正向平均电流 I_F。

在规定的室温和冷却条件下，所选管子的额定电流有效值 I_{DN} 大于管子在电路中可能流过的最大有效值电流 I_{DM} 即可。考虑到元件的过载能力较小，选择时要留有 1.5～2 倍的安全裕量，即

$$I_{DN} = 1.57 I_F = (1.5 \sim 2) I_{DM}$$

式中：1.57——正弦半波电流的有效值与平均值之比，称为波形系数。所以

$$I_F = (1.5 \sim 2) I_{DM} / 1.57$$

选用时取相应标准系列值即可。

2）反向重复峰值电压 U_{RRM}

在额定结温条件下，元件反向不重复峰值电压 U_{RSM} 值的 80% 称为反向重复峰值电压 U_{RRM}。选择电力二极管的反向重复峰值电压 U_{RRM} 的原则应为管子所在电路中可能承受到

的最大反向瞬时值电压 U_{DM} 的 2～3 倍，即

$$U_{RRM}=(2～3)U_{DM}$$

选用时取相应标准系列值。

3）正向平均电压 U_F

在规定环境温度 40℃和标准散热条件下，元件通过 50Hz 正弦半波额定正向平均电流时，元件阳极和阴极之间的电压的平均值，称为正向平均电压 U_F，简称管压降。一般在 0.45～1.00V 范围内。

4）电力二极管的测试及使用注意事项

由于电力二极管的内部结构为 PN 结，因此用万用表的 $R×100\Omega$ 挡测量阳极 A 和阴极 K 两端的正、反向电阻，可以判断电力二极管的好坏。一般电力二极管的正向电阻在几十至几百欧姆，而反向电阻在几千至几万欧姆为好；若正、反向电阻都为零或都为无穷大，说明电力二极管已经损坏。

注意：严禁用兆欧表测试电力二极管。

电力二极管使用时必须保证规定的冷却条件，如不能满足规定的冷却条件，必须降低容量使用。如规定风冷的元器件在自冷条件下使用，只允许用到额定电流的 1/3 左右。

2. 晶闸管

（1）晶闸管的工作原理

晶闸管内含四层半导体，如图 1-9（a）所示，可以等效为 2 个三极管的合成，如图 1-9（b）所示，或 3 个二极管的串联，如图 1-9（c）所示。从图 1-9（c）可以看出，由于 3 个二极管中，有 1 个（或 2 个）为反向，表明晶闸管的 AK 间正向（或反向）都不能导通（在 G 极不加触发时）。

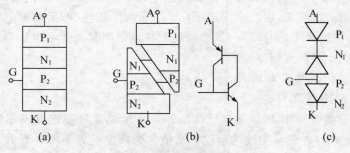

图 1-9   晶闸管的等效电路

晶闸管的 PNPN 结构又可以等效为两个互补连接的晶体管。其中，N_1 和 P_2 区既是一个晶体管的集电极，同时又是另一个管子的基极，如图 1-10 所示，晶闸管的工作原理可依此解释。

当给晶闸管加正向阳极电压，门极也加上足够的门极电压时，则有电流 I_G 从门极流入 NPN 管的基极，即 I_{B2}，经 NPN 管放大后的集电极电流 I_{C2} 流入 PNP 管的基极，再经 PNP 管的放大，其集电极电流 I_{C1} 又流入 NPN 管的基极。如此循环，产生强烈的正反馈过程，即

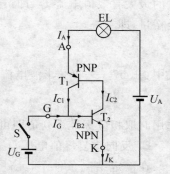

图 1-10   晶闸管工作原理

$$I_G \longrightarrow I_{B2} \uparrow \longrightarrow I_{C2}(I_{B1}) \uparrow \longrightarrow I_{B2}(I_{C1}) \uparrow$$

使两个晶体管很快饱和导通,从而使晶闸管由阻断迅速地变为导通。流过晶闸管的电流将取决于外加电源电压和主回路的阻抗大小。

晶闸管一旦导通后,即使 $I_G=0$,但因 I_{G1} 的电流在内部直接流入 NPN 管的基极,晶闸管仍将继续保持导通状态。若要晶闸管关断,只有降低阳极电压到零或对晶闸管加上反向阳极电压,使 I_{C1} 的电流减少至 NPN 管接近截止状态,即流过晶闸管的阳极电流小于维持电流,晶闸管才可恢复阻断状态。

（2）晶闸管的伏安特性

晶闸管的阳极与阴极间的电压 u_A 和阳极电流 i_A 之间的关系,称为晶闸管的伏安特性。其伏安特性曲线如图 1-11 所示。

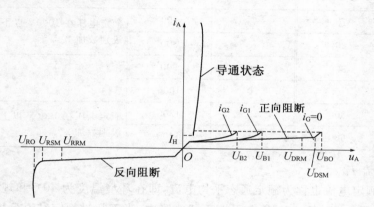

图 1-11 晶闸管的伏安特性曲线

图 1-11 中第 I 象限为正向特性。当 $I_G=0$ 时,如果晶闸管两端所加正向电压 u_A 未增加到正向转折电压 U_{BO} 时,器件一直处于正向阻断状态,只有很小的正向漏电流。当 u_A 增加到 U_{BO} 时,漏电流急剧增大,器件导通（称为硬开通）,正向电压降低,其特性和二极管的正向伏安特性类似。通常不允许采用这种方法使晶闸管导通,因为这样的多次导通会造成晶闸管损坏。一般采用对晶闸管的门极加足够大的触发电流使其导通,门极触发电流越大,正向转折电压越低。

晶闸管的反向伏安特性曲线如图 1-11 所示的第 III 象限。它与电力二极管的反向伏安特性相似。处于反向阻断状态时,只有很小的反向漏电流;当反向电压超过反向击穿电压 U_{BO} 后,反向漏电流急剧增大,造成晶闸管反向击穿而损坏。

（3）晶闸管主要参数

为了正确选择和使用晶闸管,需要理解和掌握晶闸管的主要参数。晶闸管的主要参数有以下几项。

1）额定电压 U_{TN}

由图 1-11 所示晶闸管的伏安特性曲线可见,当门极开路,元件处于额定结温时,根据所测定的正向转折电压 U_{BO} 和反向击穿电压 U_{RO},由制造厂家规定减去某一数值（通常为 100V）,分别得到正向不可重复峰值电压 U_{DSM} 和反向不可重复峰值电压 U_{RSM},再各乘以 0.9,即得正向阻断重复峰值电压 U_{DRM} 和反向阻断重复峰值电压 U_{RRM}。将 U_{DRM} 和 U_{RRM} 中较小的那个值按百位取整后作为该晶闸管的额定电压值。例如,一个晶闸管实测 $U_{DRM}=$ 860V,$U_{RRM}=730$V,将两者较小的 730V 取整得 700V,该晶闸管的额定电压为 700V,即 7 级。如表 1-1 所示为晶闸管额定电压的等级与额定电压的关系。

使用晶闸管时,若外加电压超过反向击穿电压,会造成器件永久性损坏;若超过正向转折电压,器件就会误导通,经数次这种导通后,也会造成器件损坏。此外,器件的耐压还会因散热条件恶化和结温升高而降低。因此,选择时应注意留有充分的裕量,一般应按工作电路中可能承受的最大瞬时值电压 U_{TM} 的 2～3 倍来选择晶闸管的额定电压,即

$$U_{TN}=(2\sim3)U_{TM}$$

表 1-1　晶闸管额定电压的等级与额定电压

级　别	额定电压(V)	级　别	额定电压(V)	说　　明
1	100	7	700	额定电压在 1000V 以下,每增加 100V,
2	200	8	800	级别数加 1
3	300	9	900	
4	400	10	1000	
5	500	12	1200	额定电压在 1200V 以上,每增加 200V,
6	600	14	1400	级别数加 2

2）额定电流 $I_{T(AV)}$

晶闸管的额定电流也称为额定通态平均电流,即在环境温度为 40℃ 和规定的冷却条件下,晶闸管在导通角不小于 170° 的电阻性负载电路中,当不超过额定结温且稳定时,所允许通过的工频正弦半波电流的平均值。将该电流按晶闸管标准电流系列取值称为该晶闸管的额定电流。按照规定条件,流过晶闸管的工频正弦半波电流波形如图 1-12 所示。

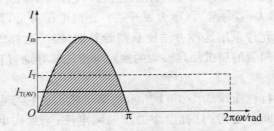

图 1-12　50Hz 正弦半波电流流过晶闸管时的波形

设电流峰值为 I_m,则通态平均电流为

$$I_{T(AV)}=\frac{1}{2\pi}\int_0^\pi I_m\sin\omega t\,\mathrm{d}(\omega t)=\frac{I_m}{\pi}$$

该电流波形的有效值为

$$I_T=\sqrt{\frac{1}{2\pi}\int_0^\pi (I_m\sin(\omega t)^2\,\mathrm{d}(\omega t))}=\frac{I_m}{2}$$

正弦半波电流的有效值与通态平均值之比为

$$I_{\mathrm{T}}/I_{\mathrm{T(AV)}}=\pi/2=1.57$$

换言之,额定电流 $I_{\mathrm{T(AV)}}=100\mathrm{A}$ 的晶闸管,其允许通过的电流有效值 $I_{\mathrm{T}}=157\mathrm{A}$。晶闸管的额定电流之所以用通态平均电流来表示,是因为晶闸管是可控的单向导通器件。但是,决定晶闸管结温的是管子损耗的发热效应,而表征热效应的电流是以有效值表示的。同时可以证明,不论流经晶闸管的电流波形如何,导通角有多大,只要电流有效值相等,其发热就是相同的。

对于不同的电路、不同的负载、不同的导通角,流过晶闸管的电流波形不一样,导致其电流平均值和有效值的关系也不一样。选择晶闸管额定电流时,本因依据实际波形的电流有效值进行换算。但为了方便起见,按照有效值相同、发热相同的原则,规定按流过工频正弦半波电流时的电流有效值进行换算。

由于晶闸管的过载能力差,一般在选用时取 $(1.5\sim2)$ 的安全裕量,即

$$I_{\mathrm{T(AV)}}=(1.5\sim2)I_{\mathrm{T}}/1.57$$

也可简化为
$$I_{\mathrm{T(AV)}}\approx I_{\mathrm{T}}$$

例 1-1　一晶闸管接在 220V 交流回路中,通过器件的电流有效值为 100A,问应选择什么型号的晶闸管?

解　选择晶闸管额定电压:

$$U_{\mathrm{TN}}=(2\sim3)U_{\mathrm{TM}}=(2\sim3)\sqrt{2}\times220=622\sim933(\mathrm{V})$$

按晶闸管参数系列取 800V,即 8 级。

选择晶闸管的额定电流:

$$I_{\mathrm{T(AV)}}=(1.5\sim2)I_{\mathrm{T}}/1.57=(1.5\sim2)\times100/1.57=95\sim127(\mathrm{A})$$

按晶闸管参数系列取 100A(也可以按已知通过器件的电流有效值为 100A,直接选额定电流为 100A 的晶闸管,可以通过有效值为 157A 的电流),所以选取晶闸管型号 KP100 – 8E。

3) 通态平均电压 $U_{\mathrm{T(AV)}}$

当晶闸管中流过额定电流并达到稳定的额定结温时,阳极与阴极之间电压降的平均值,称为通态平均电压。当额定电流大小相同而通态平均电压较小时,晶闸管耗散功率也较小,则该管子的质量较好。

通态平均电压 $U_{\mathrm{T(AV)}}$ 分为 A~I 共 9 个组别,对应为 $0.4\sim1.2\mathrm{V}$,如 A 组的 $U_{\mathrm{T(AV)}}=0.4\mathrm{V}$、B 组的 $U_{\mathrm{T(AV)}}=0.5\mathrm{V}$、D 组的 $U_{\mathrm{T(AV)}}=0.7\mathrm{V}$、I 组的 $U_{\mathrm{T(AV)}}=1.2\mathrm{V}$ 等。

以上三个参数是选择晶闸管的主要技术数据,国产普通晶闸管型号的命名含义如图 1-13 所示。

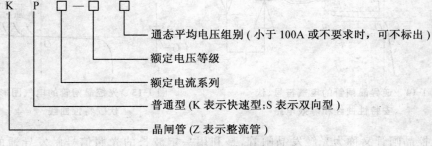

图 1-13　国产普通晶闸管型号的命名含义

4）其他参数

维持电流 I_H，在室温和门极断开时，器件从较大的通态电流降至维持通态所必需的最小电流，即小于维持电流时，晶闸管就不能维持导通。它一般为几到几百毫安。维持电流与器件容量、结温有关，器件的额定电流愈大，维持电流也愈大；结温低时维持电流大。

擎住电流 I_L，晶闸管刚从断态转入通态就去掉触发信号，能使器件保持导通所需要的最小阳极电流。一般擎住电流为维持电流的几倍。欲使晶闸管触发导通，必须使触发脉冲保持到阳极电流上升到擎住电流以上，否则会造成晶闸管重新恢复阻断状态。因此，触发脉冲必须具有一定的宽度。

晶闸管的断态电压临界上升率 du/dt，一般为 $25\sim1000(V/\mu s)$，通态电流临界上升率 di/dt，一般为 $25\sim500(A/\mu s)$，使用时若超过其值，会使晶闸管毁坏。

5）门极参数

在室温下，对晶闸管加上 6V 正向阳极电压，使器件由断态转入通态所必需的最小门极电流称为门极触发电流 I_{GT}，相应的门极电压称为门极触发电压 U_{GT}。需要说明的是，为了保证晶闸管触发的灵敏度，各生产厂家的 I_{GT} 和 U_{GT} 的值不得超过标准规定的数值。但对用户而言，设计的实用触发电路提供给门极的电压和电流应适当大于标准值，这样才能使晶闸管可靠触发导通。

（4）晶闸管的派生器件

① 快速晶闸管是专为快速应用而设计的晶闸管，国产快速晶闸管为 KK 系列。常规的快速晶闸管工作在 400Hz 以下，更高频的晶闸管可应用于 10kHz 以上的斩波或逆变电路中。快速晶闸管的开关时间以及 du/dt 和 di/dt 耐量都有了明显改善。从关断时间来看，普通晶闸管一般为数百微秒，快速晶闸管只需数十微秒，而高频晶闸管则为 $10\mu s$ 左右。与普通晶闸管相比，高频晶闸管的不足在于其电压和电流定额都不易做高。由于工作频率较高，选择快速晶闸管和高频晶闸管的通态平均电流时，不能忽略其开关损耗的发热效应。

② 逆导晶闸管是将晶闸管反向并联一个二极管制作在同一管芯上的电力集成器件。这种器件不具有承受反向电压的能力，一旦承受反向电压即开通，其电气图形符号和伏安特性曲线如图 1-14 所示。与普通晶闸管相比，逆导晶闸管具有正向压降小、关断时间短、高温特性好、定结温度高等优点，可用于不需要阻断反向电压的电路中。逆导晶闸管的额定电流有两个：一个是晶闸管电流，另一个是与之反向并联的二极管电流。

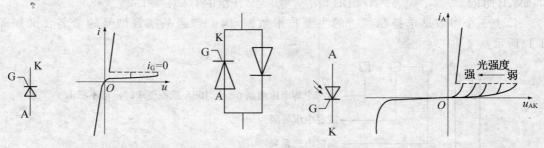

图 1-14　逆导晶闸管的电气符号、伏安特性曲线和等效电路

图 1-15　光控晶闸管的电气图形符号和伏安特性曲线

③ 光控晶闸管又称为光触发晶闸管，是利用一定波长的光照信号触发导通的晶闸管，

其电气图形符号和伏安特性曲线如图 1-15 所示。小功率光控晶闸管只有阳极和阴极两个端口,大功率光控晶闸管还带有光缆,光缆上装有作为触发光源的发光二极管或半导体激光器。由于采用光触发,保证了主电路与控制电路之间的绝缘,而且可以避免电磁干扰的影响。因此,光控晶闸管目前在高压、大功率的场合,如高压直流输电和高压核聚变装置中,占据重要的地位。

五、工作任务的制作与小结

1. 器件的选择与焊接

本模块的任务是制作如图 1-1 所示的路灯自动控制开关电路。首先要选择控制电路中各元器件的参数,电源 U_C 为控制电路提供电源,采用 5V、6V 或 12V 的直流电源;光敏晶体管 T_V 选 3DU33 型,555 芯片采用 NE555、UA555、SL555 等时基电路;继电器 K 采用 JZC-22F、DC12V 小型中功率电磁继电器,如触点容量不够,可用它控制中间继电器再驱动路灯的亮灭;C 采用 $1\mu F$ 的无极性电容;VT 采用 KP_1 普通晶闸管;T 可用 9015 型硅 PNP 晶体管;R_P(10kΩ)采用 WSW 型有机实心微调电阻;R_1、R_2 可取值为 47Ω、4Ω 左右,采用 RTX-1/8W 型碳膜电阻器。

全部元器件安装在自制的印刷电路板上,在实际使用时要注意避开风雨侵蚀和有灯光直射处。选择光敏晶体管 T_V 为感受自然光良好的地方固定。整个电路调试只需调节 R_P 的阻值,使灯 HL 刚好点亮发光为止。

2. 小组讨论

在学生制作成功后,进行分小组讨论,巩固所学的知识与技能,提高学生的学习兴趣与积极性。主要讨论的题目:

(1) 电源为什么用直流电源? 直流电如何获得? 可否用交流电源?

(2) 555 电路的作用是什么?

(3) 晶闸管的功能和作用是什么?

(4) 晶闸管的导通、关断的条件是什么? 在路灯控制中何时导通? 何时关断?

(5) 电容的作用是什么? 电容的参数如何选择?

(6) 光敏晶体管的作用是什么? 能否用光敏电阻替代?

(7) 继电器的作用是什么? 如何进行触点数的选择?

(8) R_1、R_2 的作用是什么?

(9) 焊接中遇到了哪些问题? 是如何解决的?

(10) 调试中遇到了哪些问题? 是如何解决的?

3. 每组派代表发言

每个小组派代表进行讨论和发言,对教师提出的问题或者自己想到的问题进行讲解或表述,有不同意见的同学可以进行辨析,并提出新的质疑。

4. 教师点评

教师以咨询、教练的反应状态出现,开始制作时要备好器件,提出注意事项;对同学讨论的问题进行点评、提示或提升;并对整个电路的制作过程进行小结,提出与其他应用电路的联系与使用。

练　习

1. 使晶闸管导通的条件是什么？

2. 晶闸管导通后，移去门极电压，晶闸管是否还能继续导通？为什么？

3. 怎样才能使晶闸管由导通变为关断？

4. 在晶闸管的门极通入几十毫安的小电流可以控制阳极几十、几百毫安的大电流的导通，它与晶体管用较小的基极电流控制较大的集电极电流有什么不同？晶闸管能不能像晶体管一样构成放大器？

5. 温度升高时，晶闸管的触发电流、正反向漏电电流、维持电流以及正向转折电压和反向击穿电压各如何变化？

6. 在夏天工作正常的晶闸管装置到冬天变得不可靠了，可能是什么原因？冬天工作正常，夏天工作不正常，又可能是什么原因？

7. 如图 1-16 所示为调试晶闸管电路，在断开 R_d 测量输出电压 U_d 是否正确可调时，发现电压表读数不正常，接上 R_d 后一切正常，为什么？

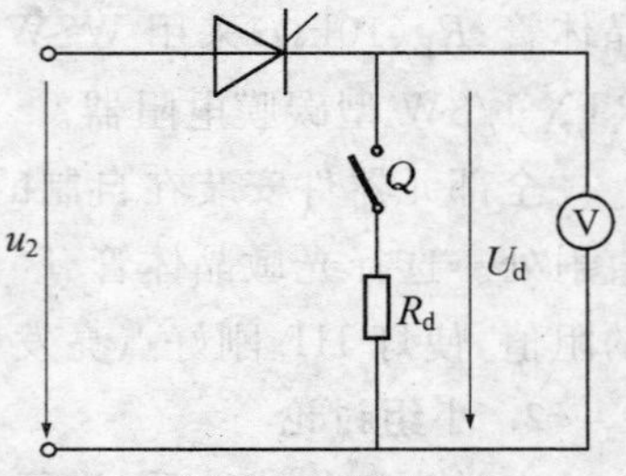

8. 用万用表怎样区分晶闸管阳极（A）、阴极（K）与门极（G）？判断晶闸管的好坏有哪些简便实用的方法？

9. 在环境温度较低，或是加强通风冷却时，晶闸管与整流二极管是否可以超过额定电流运行？

图 1-16　习题 7 用图

10. 结温与管壳（底座）温度大概相差多少？50A 以上元件不用风冷时电流定额要打多少折扣？

11. 型号为 KP100－3，维持电流 I_H＝4mA 的晶闸管使用在如图 1-17 所示的电路中是否合理？为什么（暂不考虑电压、电流裕量）？

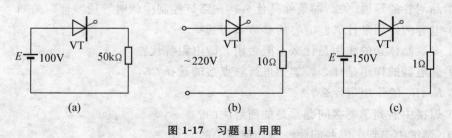

图 1-17　习题 11 用图

12. 晶闸管在大电流时失控变成二极管是什么故障？晶闸管正向击穿后能否当二极管用？

13. 晶闸管的门极允许加多高电压？通过多大电流？不同规格的晶闸管一样吗？

14. 有些元件的门极只加 2V 就可使晶闸管触发导通，是否对于触发电路只输出 3V 就够了？

15. 为什么擎住电流比维持电流大几倍？

16. 用万用表测晶闸管门极时，为什么正反向电阻不同？是否阻值愈小愈好？

17. 螺栓式与平板式晶闸管元件在散热器上拧紧，是否拧得越紧越好？

18. 晶闸管元件在使用时突然损坏，有哪些可能的原因？

19. 作为晶闸管的门极控制信号，可用什么样的信号？

20. 工作温度升高，晶闸管的正反向不重复峰值电压有多大变化？是一样吗？

21. 晶闸管当二极管使用是如何连接的？

模块二　直流电动机无级调速电路的设计与制作

一、教学目标

1. 终极目标

学会设计、制作直流电动机无级调速电路的方法。

2. 促成目标

（1）了解晶闸管的整流原理，能够分析整流的相关波形。

（2）能分析触发电路的脉冲形成过程，及其与晶闸管的连接方式。

（3）学会直流电动机无级调速应用电路的设计方法。

（4）能制作出简单的直流电动机无级调速电路。

二、工作任务

制作并调试如下电路：

（1）如图 1-18 所示，利用 220V/50V 的变压器将 220V 的交流电整流成直流电，并经稳压管稳压。

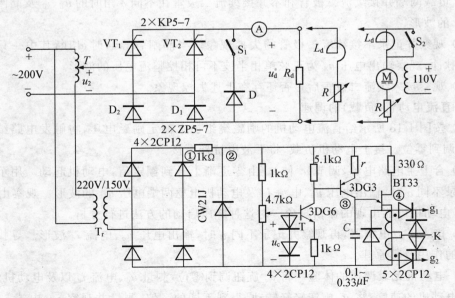

图 1-18　直流电动机无级调速电路

（2）搭建单结晶体管触发电路，使其同时输出 2 个触发脉冲，且 2 个脉冲的相位可以通过 4.7Ω 电位器同步调整。

（3）搭建晶闸管可控整流电路，其中调压器的视在功率为 $1kV \cdot A$。

（4）能对电阻负载、电感负载的工作情况及波形进行分析。

（5）实现对直流他励电动机的无级调速控制。

三、相关的实践知识

1. 装接电路

如图 1-18 所示，装接并调试单结晶体管触发电路，接通触发电路的电源，直至 g_1 与 K、g_2 与 K 间输出脉冲。用示波器观察并画出触发电路中点整流、点稳压、点脉冲形成和各点脉冲输出等波形。

2. 波形分析

调节触发电路电位器上的电压 u_c，观察并记载单结晶体管发射极所接电容两端的锯齿波电压波形的变化以及输出尖脉冲的移动情况，并估算移相范围。

3. 晶闸管单相桥式半控电路电阻性负载的研究

触发电路调试正常后，装接主电路，将触发电路的输出脉冲连接到晶闸管上，主电路接上电阻性负载（白炽灯或滑线变阻器）并接通电源，用示波器观察并记录负载两端电压 u_d、晶闸管两端电压 u_T 以及整流二极管两端电压 u_D 的波形。改变触发延迟角的大小，观察波形的变化，并记录负载两端电压 u_d。作出 u_d、$u_2 = f(\alpha)$ 的表格和曲线，并与 $u_d/u_2 = 0.9(1+\cos\alpha)/2$ 比较分析。

4. 电阻电感负载的研究

（1）接上白炽灯或电阻器与电抗器串联的负载，用示波器观察并记录在不同阻抗角 φ 情况下，负载两端并接续流二极管和不并接续流二极管在不同 α 角时的 u_d、i_d 及晶闸管两端电压 u_T 的波形。

（2）观察并记录不接续流二极管的失控现象。当晶闸管导通时，切断其中一只晶闸管的触发脉冲，观察输出电压 u_d 为正弦单相半波不可相控整流电压的波形。

（3）观察接入续流二极管后是否还存在上述失控现象。

5. 直流电动机（负载）的调速

（1）按图 1-18 所示给直流电动机的励磁绕组加上额定励磁电压，将触发电路给定电压 u_c 旋钮调到零位。接上电动机负载，将平波电抗器短接。

（2）合上主电路电源，调节 u_c 使 u_d 由零逐渐上升到额定值，电动机起动。用示波器观察并记录不同 α 时，输出电压 u_d、电流 i_d 及电动机电枢两端电压 u_M 的波形。观察由于 i_d 波形断续，电动机可能出现的振荡现象。对这种降压启动的方法进行分析。

（3）接入平波电抗器，再观察并记录不同 α 时，输出电压 u_d、电流 i_d 波形。寻找出平波电抗器的作用及其原理。

（4）电动机无级调速的体验。将 u_c 旋钮调到零位，测量 u_d、电流 i_d 以及电动机的速度，并观察电动机的速度；将 u_c 旋钮轻轻转动，得到不同的 α 值，测量并观察 u_d、电流 i_d 以及电动机的速度变化；体验用晶闸管控制直流电动机，进行无级调速的操作过程。

6. 实践活动中出现的现象分析

分析单结晶体管触发电路、电动机无级调速电路在调试过程中可能出现的如下现象：

（1）在单结晶体管未导通时，稳压二极管能正常削波，其两端电压为梯形波；而当单结晶体管导通时，稳压二极管就不削波了。出现这一现象一般是由于所选稳压二极管的限流电阻值太大或稳压二极管容量不够造成的。

（2）当调节 u_c 为最大值时，单结晶体管电容 C 两端电压有时出现锯齿波底宽较大、数量较少的波形。说明固定电阻 r 值太大，单结晶体管可供移相范围未得到充分利用，应进一步减少 r 值扩大移相范围。若一个梯形波期间只出现一个锯齿波，说明固定电阻 r 值已减到极限值。若固定电阻 r 值太小，以致 C 充电时时间常数太短，梯形波刚从零上升，电容 C 两端电压就充到单结晶体管的峰点电压，单结晶体管导通。但由于 u_c 值很小，所以产生的尖脉冲幅度很小甚至没有，就无法触发晶闸管；另外由于 r 值太小，单结晶体管导通后，经 r 流过 e 与 b_1 极的电流可能太大，易烧毁单结晶体管。

（3）触发电路各点波形正常且晶闸管也是好的，但有时出现触发尖脉冲不能触通晶闸管。原因可能是：充放电电容 C 值太小或单结晶体管的分压比太低，致使触发尖脉冲幅度小、功率不够大等造成。电阻性负载触发正常，大电感负载却不能触发晶闸管。这也是由于 C 值太小，尖脉冲宽度太窄，以致阳极电流还未上升到擎住电流，其触发脉冲已消失，管子又重新恢复到阻断状态。

（4）实验中有时会出现两只晶闸管的最小触发延迟角或最大触发延迟角不相等。当触发延迟角调节到很小或很大时，主电路仅剩下一只晶闸管被触发导通。出现这一现象一般是由于两只晶闸管的触发电流差异较大所造成的。通常采用调换触发特性相似的管子或在门极回路中串接不同阻值的电阻等措施来消除上述现象。

（5）大电感负载实验，接续流二极管比不接续流二极管的 i_d 波形脉动要小。其原因是不接续流二极管时，负载电流需经主电路的一只晶闸管和与之相串联的整流二极管续流。续流回路内阻大，所以 i_d 波形脉动就大。

（6）电感串接电阻负载时，比较续流二极管接入前、后 u_d 波形有无变化？并分析为什么？

（7）体验电动机无级调速的操作过程后，分析其特点，并与串接电阻调速进行对比。

7. 活动过程中的注意问题

（1）在进行直流电动机无级调速活动过程前，一定要保证电动机的励磁电路接通、接牢。

（2）续流二极管的极性不能接错，否则会造成短路事故。续流回路与负载的连线要短且接牢，以利于续流。

（3）电感负载最好采用直流电动机励磁绕组或平波电抗器。也可用变压器绕组取代，但由于变压器铁芯气隙较小，电感量将随 i_d 加大而减小，所以 i_d 的波形和教材所分析的情况有较大的差别。

8. 实践项目报告的要求

（1）实践活动前要预习教材的相关内容。

（2）阐述单结晶体管触发电路工作原理和调试方法。

（3）画出电阻和感性两种不同负载在某 α 角时的 u_d、u_{g1} 和 i_d 的波形。重点画出电动机负载时，α 为 $30°$、$60°$、$90°$ 时 u_d、u_{g1} 和 i_d 的波形。

（4）作出电动机负载时 $u_d/u_2 = f(\alpha)$ 的表格和曲线，并与 $u_d/u_2 = 0.9(1+\cos\alpha)/2$ 计算公式比较，分析误差原因。

（5）由示波器观察到 u_d 与 i_d 的波形，说明续流二极管的作用和电动机负载串入平波电抗器 L_d 的作用。

（6）根据实验结果画出电动机负载时转速与控制角曲线，即 $n = f(\alpha)$ 关系曲线。

（7）讨论并分析活动中出现的现象和故障。

四、相关的理论知识

直流电动机无级调速系统，使用的是直流电源。直流电源的来源一般有三个渠道，对于功率很小的电机，如玩具电机、剃须刀等一般直接采用电池供电；对于工业上用的、功率稍大一点的，则采用直流发电机发电（用得已很少）；常用的大功率直流电是利用晶闸管将市电的220V 交流电整流为直流电，整流的方法主要是相控整流电路。

当前，相控整流电路广泛应用的电能变换电路，作用是将交流电变换成大小可以调节的直流电，为要求电压可调的直流用电设备供电。相控整流电路的结构形式依据负载容量大小不同而定，通常小容量（4kW 以下）的负载供电采用单相相控整流，它具有电路简单、投资少、维护方便等优点。对于容量较大的负载，采用三相相控整流电路，易于满足负载对高电压、大电流的需求，同时也保证负载上的直流电压脉动小、供电的交流电网三相平衡。

1. 单相半波相控整流电路

单相半波相控整流电路是最简单的相控整流电路，但其输出的电压脉动较大。

（1）电阻性负载

白炽灯、电炉及电镀设备等属于电阻性负载，如图 1-19 所示为单相半波电阻性负载相控整流电路。它由晶闸管 VT、负载电阻 R_d 及单相整流变压器 T_r 组成。T_r 用来变换电压，u_2 为二次侧正弦电压瞬时值；u_d、i_d 为整流输出电压和负载电流的瞬时值；u_T、i_T 分别为晶闸管两端电压和流过晶闸管电流的瞬时值；i_1、i_2 分别为流过整流变压器一次绕组和二次绕组电流的瞬时值。U_1、U_2 分别为一、二次电压有效值。

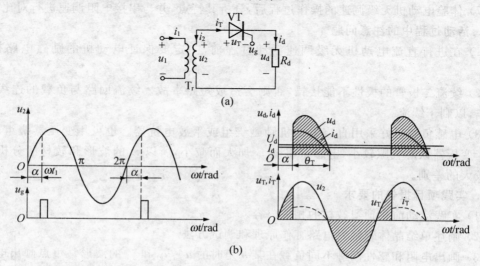

图 1-19 单相半波相控整流电路及波形

交流电压 u_2 通过 R_d 施加到晶闸管的阳极和阴极两端,在 ωt_1 之前,晶闸管虽然承受正向电压,但因触发电路尚未向门极送出触发脉冲,所以晶闸管仍保持阻断状态,无直流电压输出。

在 ωt_1 时刻,触发电路向门极送出触发脉冲 u_g,晶闸管被触发导通。若不计管压降影响,则负载电阻 R_g 两端的电压波形 u_d 就是变压器二次电压 u_2 的波形,流过负载的电流 i_d 波形与 u_d 相似。由于二次绕组、晶闸管以及负载电阻是串联的,故 i_d 波形也就是流过晶闸管的电流 i_T 及整流变压器二次电流 i_2 的波形,如图 1-19(b)所示。

在 $\omega t = \pi$ 时,u_2 下降到零,晶闸管阳极电流也下降到零而被关断,电路无输出。在 u_2 的负半周期,即在 $\pi \sim 2\pi$ 区间,由于晶闸管承受反向电压而处于反向阻断状态,负载两端电压 u_d 为零。u_2 的下一个周期情况与上所述相同,循环往复。

在单相半波相控整流电路中,从晶闸管开始承受正向电压,到触发脉冲出现之间的电角度称为触发延迟角(亦称移相角或控制角),用 α 表示。晶闸管在一周期内导通的电角度称为导通角,用 θ_T 表示,如图 1-19(b)所示。

在单相半波相控整流电阻性负载电路中,移相角 α 的控制范围为 $0 \sim \pi$,对应的导通角 θ_T 的可变范围是 $\pi \sim 0$,两者关系为:$\alpha + \theta_T = \pi$。从图 1-19(b)波形可知,改变移相角 α,输出整流电压 u_d 的波形和输出直流电压平均值 U_d 的大小也随之改变,α 减小,U_d 就增大;反之,U_d 就减小。

下面是各电量计算公式:

1) 负载上直流平均电压 U_d 与平均电流 I_d

根据平均值定义,u_d 波形的平均值 U_d 为

$$U_d = \frac{1}{2\pi}\int_\alpha^\pi \sqrt{2}U_2 \sin\omega t \, d(\omega t) = \frac{\sqrt{2}U_2}{2\pi}(-\cos\omega t)\Big|_\alpha^\pi$$

$$= \frac{\sqrt{2}U_2}{2\pi}(1 + \cos\alpha) = 0.45U_2 \frac{1 + \cos\alpha}{2}$$

$$I_d = \frac{U_d}{R_d}$$

由此可知,输出直流电压平均值 U_d 与整流变压器二次交流电压平均值 U_2 和触发延迟角度 α 有关。当 U_2 给定后,U_d 仅与 α 有关。当 $\alpha = 0$ 时,$U_d = 0.45U_2$ 为最大输出直流平均值电压;当 $\alpha = \pi$ 时,$U_d = 0$。只要控制触发脉冲送出的时刻,U_d 就可以在 $0 \sim 0.45U_2$ 连续可调。

2) 负载上电压有效值 U 与电流有效值 I

在计算选择变压器容量、晶闸管额定电流、熔断器以及负载电阻的有功功率等参量时均须按有效值计算。负载电压有效值 U 为

$$U = \sqrt{\frac{1}{2\pi}\int_\alpha^\pi (\sqrt{2}U_2 \sin\omega t)^2 \, d(\omega t)} = \sqrt{\frac{U_2^2}{\pi}\left(\frac{\omega t}{2} - \frac{1}{4}\sin 2\omega t\right)\Big|_\alpha^\pi} = U_2\sqrt{\frac{\pi - \alpha}{2\pi} + \frac{\sin 2\alpha}{4\pi}}$$

电流有效值 I 为

$$I = \frac{U}{R_d}$$

3）晶闸管电流有效值 I_T 与管子两端可能承受的最大电压 U_{TM}

在单相半波相控整流电路中，晶闸管与负载串联，所以负载电流的有效值也就是流过晶闸管电流的有效值。其关系为

$$I_T = I = \frac{U}{R_d}$$

晶闸管可能承受的峰值电压为

$$U_{TM} = \sqrt{2} U_2$$

4）功率因数 $\cos\Phi$

$$\cos\Phi = \frac{P}{S} = \frac{UI}{U_2 I} = \sqrt{\frac{1}{4\pi}\sin2\alpha + \frac{\pi - \alpha}{2\pi}}$$

从上式可以看出，$\cos\Phi$ 仅是 α 的函数，$\alpha = 0$ 时，$\cos\Phi$ 最大，为 0.707。可见，在单相半波相控整流电路中，即使是电阻性负载，由于存在谐波电流，变压器最大利用率也仅有 70% 左右。α 愈大，$\cos\Phi$ 愈小，说明设备利用率愈差。

例 1-2　单相半波可控整流电路，电阻性负载，电源电压 U_2 为 220V，要求的直流输出电压为 50V，直流输出平均电流为 20A。试计算：

（1）晶闸管的控制角；

（2）输出电流有效值；

（3）电路功率因数；

（4）晶闸管的额定电压和额定电流。

解　（1）$\cos\alpha = \frac{2U_d}{0.45U_2} - 1 = \frac{2 \times 50}{0.45 \times 220} - 1 \approx 0$

则　$\alpha = 90°$

（2）$R_d = \frac{U_d}{I_d} = \frac{50}{20} = 2.5(\Omega)$

当 $\alpha = 90°$ 时，输出电流有效值为

$$I = \frac{U}{R_d} = \frac{U_2}{R_d}\sqrt{\frac{1}{4\pi}\sin2\alpha + \frac{\pi - \alpha}{2\pi}} = 44.4(A)$$

（3）$\cos\Phi = \frac{P}{S} = \frac{UI}{U_2 I} = \frac{U}{U_2} = \frac{44.4 \times \frac{50}{20}}{220} \approx 0.5$

（4）晶闸管电流有效值 I_T 与输出电流有效值 I 相等，即 $I_T = I$，则

$$I_{T(AV)} = (1.5 \sim 2)\frac{I_T}{1.57}$$

取 2 倍安全裕量，晶闸管的额定电流为

$$I_{T(AV)} = 56.6A（取系列值 100A）$$

晶闸管承受的最高电压为

$$U_{TM} = \sqrt{2}U_2 = \sqrt{2} \times 220 = 311(V)$$

考虑$(2 \sim 3)$倍安全裕量,晶闸管的额定电压为

$$U_{\text{TN}} = (2 \sim 3)U_{\text{TM}} = (2 \sim 3) \times 311 = 622 \sim 933(\text{V})$$

选取晶闸管型号为 KP100 - 7F 晶闸管。

(2)电感性负载(电机的励磁)

电感性负载通常是电机的励磁线圈、滑差电动机电磁离合器的励磁线圈、继电器线圈及其他含有平波电抗器的负载等。为了便于分析,通常将电阻与电感分开,视为电阻串电感形式的负载。由于电感中的感生电动势总是阻碍流过的电流使得流过电感的电流不发生突变,这是电感性负载的主要特点。

1)无续流二极管

电感线圈是储能元件,当电流流过线圈时,该线圈就储存磁场能量,流过的电流愈大,线圈储存的磁场能量也愈大。当 i_d 减小时,电感线圈将所储存的磁场能量释放出来,试图维持原有的电流方向和电流大小,因而流过电感中的电流是不能突变的。电感线圈既是储能元件,又是电流的滤波元件,它使负载电流波形变得平滑。如图 1-20 所示为单相半波相控整流电感性负载电路。

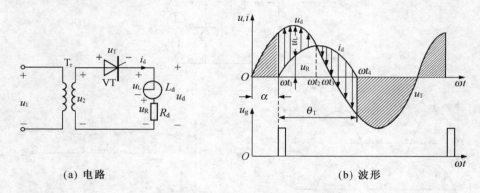

(a) 电路   (b) 波形

图 1-20 单相半波相控整流电感负载电路

工作原理及波形分析如下:

在 $0 \leqslant \omega t < \omega t_1$ 区间,u_2 虽然为正,但晶闸管无触发脉冲而不导通,负载上的电压 u_d、电流 i_d 均为零。晶闸管承受着电源电压 u_2,其波形如图 1-20(b)所示。

当 $\omega t_1 < \omega t \leqslant \omega t_2$ 区间,晶闸管被触发导通,电源电压 u_2 突加在负载上。由于 L_d 作用,电感性负载中的电流不能突变,电流 i_d 只能从零逐渐增大。当 i_d 上升到最大值,$\mathrm{d}i_d/\mathrm{d}t = 0$。所以 $u_L = 0$,$u_2 = i_d R_d = u_R$。这区间电源 u_2 不仅要向负载 R_d 供给有功功率,而且还要向电感线圈 L_d 供给磁场能量的无功功率。

在 $\omega t_2 < \omega t \leqslant \omega t_3$ 区间,由于 u_2 继续在减小,i_d 也逐渐减小,在电感线圈 L_d 作用下,i_d 的减小要滞后于 u_2 的减小。这区间 L_d 两端感生的电动势方向阻碍 i_d 的减小,如图 1-20(b)所示。负载 R_d 所消耗的能量,除电源电压 u_2 供给外,还有部分是由电感线圈 L_d 所释放的能量供给的。

在 $\omega t_3 < \omega t < \omega t_4$ 区间,u_2 过零开始变负,对晶闸管是反向电压。但是,由于 i_d 的减小,L_d 两端的电压 u_L 极性对晶闸管是正向电压,故只要 u_L 略大于 u_2,晶闸管仍然承受着正向

电压而继续导通,直至 i_d 减小到零才被关断。在这区间,L_d 不断释放出磁场能量,除部分继续向负载电阻 R_d 提供消耗能量外,其余都回馈给交流电网 u_2。

当 $\omega t = \omega t_4$ 时,$i_d = 0$,即 L_d 磁场能量已释放完毕,晶闸管被关断。此后,直到下一周期触发脉冲到来时,晶闸管才再次被触发导通,周而复始。

由图 1-20(b)可见,由于电感的存在,使负载电压 u_d 波形出现部分负值,导致负载上直流电压的平均值电压 U_d 减小。电感愈大,u_d 波形的负值部分占的比例愈大,使 U_d 减少愈多。当电感 L_d 足够大时(一般指 $x_L \geqslant 10R_d$ 时),负载上得到的电压 u_d 波形的正、负面积接近相等,直流电压平均值 u_d 几乎为零。因此,单相半波相控整流电路用于大电感负载时,不管如何调节触发延迟角 α,U_d 值总是很小,平均值电流 $I_d = U_d/R_d$ 也很小,没有实用价值。

2)电感负载两端并接续流二极管

为了使 u_2 过零变负时能及时地关断晶闸管,使 u_d 波形既不出现负值,又能给电感线圈 L_d 提供续流的旁路,可以在整流输出端并联二极管,如图 1-21(a)所示。由于该二极管是为电感负载在晶闸管关断时提供续流回路,故将此二极管称为续流二极管,用 D 表示。

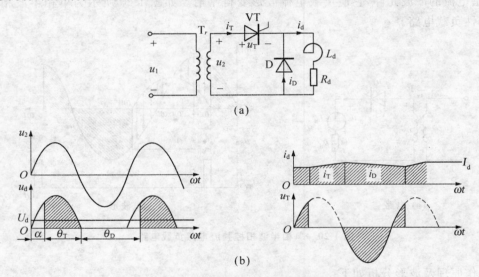

(a)

(b)

图 1-21 有续流二极管的单相半波相控整流电路及波形

在接有续流二极管的感性负载单相半波相控整流电路中,当 u_2 过零变负时,续流二极管承受正向电压而导通,晶闸管因承受反向电压而关断。i_d 就改经续流二极管而继续流通。续流期间续流二极管的管压降可忽略不计,所以负载电压 u_d 波形与电阻负载时相同。但是流过负载的电流 i_d 的波形就大不相同了,对于大电感而言,流过负载的电流 i_d 不但连续且波动很小。电感愈大,i_d 波形愈接近于一条水平线,其平均值为 $I_d = U_d/R_d$,如图 1-21(b)所示。

负载电流 i_d 由晶闸管和续流二极管共同分担,晶闸管导通期间,负载电流从晶闸管流过;续流期间,负载电流经续流二极管形成回路。流过晶闸管电流 i_T 与流过续流二极管电流 i_D 的波形均近似为方波。方波电流的平均值和有效值分别为

$$I_{dT} = \frac{1}{2\pi}\int_{\alpha}^{\pi} i_T \mathrm{d}(\omega t) = \frac{I_d}{2\pi}(\omega t)\Big|_{\alpha}^{\pi} = \frac{\pi - \alpha}{2\pi} I_d$$

$$I_T = \sqrt{\frac{1}{2\pi}\int_{\alpha}^{\pi} i_T^2 \mathrm{d}(\omega t)} = I_d\sqrt{\frac{1}{2\pi}(\omega t)\Big|_{\alpha}^{\pi}} = \sqrt{\frac{\pi - \alpha}{2\pi}} I_d$$

$$I_{dD} = \frac{1}{2\pi} \int_{\pi}^{2\pi+\alpha} i_D d(\omega t) = \frac{\pi + \alpha}{2\pi} I_d$$

$$I_D = \sqrt{\frac{1}{2\pi} \int_{\pi}^{2\pi+\alpha} i_D^2 d(\omega t)} = \sqrt{\frac{\pi + \alpha}{2\pi}} I_d$$

式中：$I_d = \dfrac{U_d}{R_d}$，而 $U_d = 0.45 U_2 \dfrac{1 + \cos\alpha}{2}$。

晶闸管和续流二极管可能承受的最大正、反向电压为 u_T，移相范围与电阻性负载相同，都为 $0 \sim \pi$。由于电感性负载中的电流不能突变，当晶闸管被触发导通后，阳极电流上升较缓慢，故要求触发脉冲的宽度要宽些（$>20°$），以免阳极电流尚未升到晶闸管擎住电流时，触发脉冲已消失，从而导致晶闸管无法导通。

2. 单相桥式全控整流电路

单相半波相控整流电路线路简单、调试方便，但其电源电压仅半周工作，整流输出直流电压脉动大，设备利用率低，仅适用于对整流指标要求低、容量小的装置。单相桥式全控整流电路使交流电源正、负半周都能输出同方向的直流电压，脉动小，应用比较多。

（1）电阻性负载

首先分析其电路工作原理。如图 1-22 所示为单相桥式全控整流电路，电路由 4 只晶闸管 VT_1、VT_3 和 VT_2、VT_4（成两对桥臂），电源变压器 T_r（图中未画出）及负载电阻 R_d 组成。变压器二次电压 u_2 接在桥臂的中点 a、b 端上。

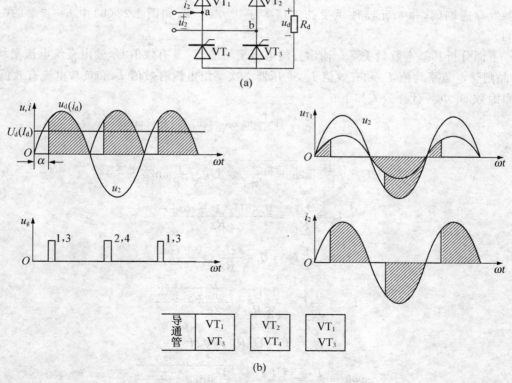

图 1-22 单相桥式全控整流电路及波形

当变压器二次电压 u_2 为正半周时,a 端电位高于 b 端电位,两个晶闸管 VT_1、VT_3 同时承受正向电压。如果此时门极无触发信号,则两晶闸管均处于正向阻断状态。忽略晶闸管的正向漏电流,电源电压 u_2 将全部加在 VT_1、VT_3 上,每个晶闸管承受 $0.5\,U_2$。当 $\omega t = \alpha$ 时,给 VT_1、VT_3 同时加触发脉冲,两只晶闸管立即被触发导通,电源电压 u_2 将通过 VT_1、VT_3 加在负载电阻 R_d 上,负载电流 i_d 从电源 a 端经 VT_1 电阻 R_d、VT_3 回到电源的 b 端。在 u_2 正半周期,VT_2、VT_4 均承受反向电压而处于阻断状态。由于设晶闸管导通时管压降为零,则负载 R_d 两端的整流电压 u_d 与电源电压 u_2 正半周的波形相同。当电源电压 u_2 降到零时,电流 i_d 也降为零,VT_1、VT_3 关断。

在 u_2 的负半周,b 端电位高于 a 端电位,VT_2、VT_4 承受正向电压。当 $\omega t = \pi + \alpha$ 时,同时给 VT_2、VT_4 加触发脉冲使其导通,电流从 b 端经 VT_2、负载电阻 R_d 和 VT_4 回到电源 a 端,在负载 R_d 两端获得与 u_2 正半周相同波形的整流电压和电流。这期间 VT_1 和 VT_3 均承受反向电压而处于阻断状态。当 u_2 过零重新变正时,VT_2、VT_4 关断,u_d、i_d 又降为零。此后 VT_1 和 VT_3 又承受正向电压,并在相应时刻 $\omega t = 2\pi + \alpha$ 时被触发导通。如此循环工作,输出整流电压 u_d、电流 i_d 及晶闸管两端电压 u_{T_1} 的波形,如图 1-22(b)所示。

由以上电路工作原理可知,在交流电源电压 u_2 的正、负半周里,VT_1、VT_3 和 VT_2、VT_4 两组晶闸管轮流被触发导通,将交流电转变成脉动的直流电。改变 α 角的大小,负载电压 U_d、电流 i_d 的波形及整流输出直流电压平均值均相应改变。晶闸管 VT_1 两端承受的电压 u_{T_1} 的波形如图 1-22(b)所示。晶闸管在导通段,管压降 $u_{T_1} = 0$,故其波形是与横轴重合的直线段,晶闸管承受的最高反向电压为 $-\sqrt{2}U_2$。假定两晶闸管漏电阻相等,当晶闸管都处在未被触发导通期间,每个元器件承受的电压等于 $\pm\sqrt{2}U_2/2$,如图 1-22(b)中 u_T 波形的 $0 \sim \alpha$ 区间。

下面分析其基本数量关系。输出直流电压平均值 U_d 及有效值 U,输出直流电流平均值 I_d,晶闸管电流平均值 I_{dT} 和有效值 I_T,变压器二次绕组电流有效值 I_2 和负载电流有效值 I,功率因数 $\cos\Phi$ 等计算公式如下:

$$U_d = 2 \times 0.45 U_2 \frac{1+\cos\alpha}{2} = 0.9 U_2 \frac{1+\cos\alpha}{2}$$

$$U = \sqrt{2}U_2 \sqrt{\frac{1}{4\pi}\sin 2\alpha + \frac{\pi-\alpha}{2\pi}} = U_2 \sqrt{\frac{1}{2\pi}\sin 2\alpha + \frac{\pi-\alpha}{\pi}}$$

$$I_d = \frac{U_d}{R_d} = \frac{0.45 U_2 (1+\cos\alpha)}{R_d}$$

$$I_{dT} = \frac{1}{2}I_d = 0.45 \frac{U_2}{R_d} \cdot \frac{1+\cos\alpha}{2}$$

$$I_T = \frac{1}{\sqrt{2}}I = \frac{1}{\sqrt{2}}\frac{U_2}{R_d}\sqrt{\frac{\sin 2\alpha}{2\pi} + \frac{\pi-\alpha}{\pi}}$$

$$I_2 = I = U/R_d = \sqrt{2}I_T$$

$$\cos\Phi = \frac{P}{S} = \frac{UI}{U_2 I} = \sqrt{\frac{1}{2\pi}\sin 2\alpha + \frac{\pi-\alpha}{\pi}}$$

由此可知,直流平均电压 U_d 是控制角 α 的函数,是单相半波时的两倍。当 $\alpha=0$ 时,$U_d=0.9U_2$ 为最大值;当 $\alpha=\pi$ 时,$U_d=0$,故 α 移相范围为 $180°$。输出电压有效值是单相半波时的 $\sqrt{2}$ 倍;两组晶闸管 VT_1、VT_3 和 VT_2、VT_4 在一个周期中轮流导通,故流过每只晶闸管的平均电流为负载平均电流 I_d 的一半;两组晶闸管轮流导通,变压器二次绕组在电源电压的正、负半周均有电流流过,变压器二次绕组电流有效值与负载电流有效值相等。

（2）大电感负载

1）不接续流二极管

单相桥式全控整流大电感负载的电路和波形如图 1-23 所示。在 $0°\leqslant\alpha<90°$ 范围内,虽然 U_d 波形也会出现负面积,但正面积总是大于负面积。当 $\alpha=0$ 时,U_d 波形不出现负面积,为单相不可控桥式整流电路输出电压波形,其平均值为 $0.9U_2$。在这区间输出电压平均值 U_d 与控制角 α 的关系为

$$U_d = \frac{1}{\pi}\int_{\alpha}^{\pi+\alpha} \sqrt{2}U_2\sin\omega t\, \mathrm{d}(\omega t) = 0.9U_2\cos\alpha$$

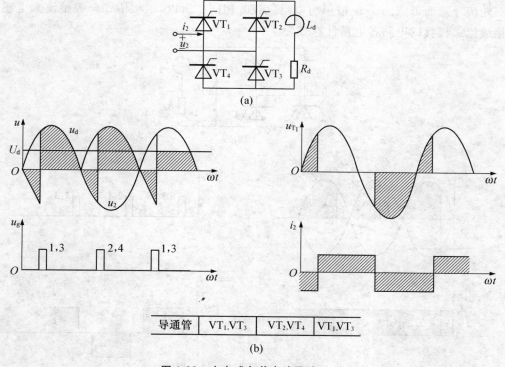

图 1-23　大电感负载电路及波形

输出电流 i_d 为脉动很小的直流,其公式为

$$i_d \approx I_d = \frac{U_d}{R_d}$$

晶闸管的电流平均值、有效值以及晶闸管可能承受到的最大电压分别为

$$I_{dT} = \frac{\pi}{2\pi}I_d = \frac{1}{2}I_d$$

$$I_T = \frac{\sqrt{2}}{2} I_d$$

$$U_{TM} = \pm \sqrt{2} U_2$$

在 $\alpha = 90°$ 时,晶闸管被触发导通,一直要持续到下半周接近 $90°$ 时才被关断,负载两端 u_d 波形正、负面积接近相等,平均值 U_d 近似为零,其输出电流波形是一条幅度很小的脉动直流。在 $\alpha > 90°$ 时,u_d 波形正、负面积都相等,且波形断续,此时输出电压平均值为零。可见,不接续流二极管时,α 的有效移相范围只能是 $0° \sim 90°$。

2) 接入续流二极管

为了扩大移相范围,不让 u_d 波形出现负值以及使输出电流更加平稳,可在负载两端并接续流二极管,如图 1-24(a)所示。接续流二极管后,α 的移相范围可扩大到 $0 \sim \pi$。在这区间内,只要电感量足够大,输出电流 i_d 就可保持连续且平稳。在电源电压 u_2 过零变负时,续流二极管承受正向电压而导通,晶闸管承受反向电压被关断。这样 u_d 波形与电阻性负载相同,如图 1-24(b)所示。负载电流 i_d 是由晶闸管 VT_1、VT_3 和 VT_2、VT_4 以及续流二极管 D 相继轮流导通而形成的。u_T 波形与电阻负载时相同。所以,单相桥式全控整流大电感负载并接续流二极管的电路各电量计算式为

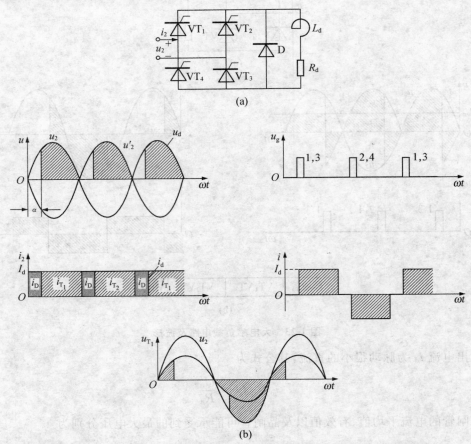

(a)

(b)

图 1-24　大电感负载并接续流二极管电路及波形

$$U_{\mathrm{d}} = 0.9 \frac{1 + \cos\alpha}{2}$$

$$I_{\mathrm{d}} = \frac{U_{\mathrm{d}}}{R_{\mathrm{d}}}$$

$$I_{\mathrm{dT}} = \frac{\pi - \alpha}{2\pi} I_{\mathrm{d}}$$

$$I_{\mathrm{T}} = \sqrt{\frac{\pi - \alpha}{2\pi}} I_{\mathrm{d}}$$

$$I_{\mathrm{dD}} = \frac{\alpha}{\pi} I_{\mathrm{d}}$$

$$I_{\mathrm{D}} = \sqrt{\frac{\alpha}{\pi}} I_{\mathrm{d}}$$

$$U_{\mathrm{TM}} = U_{\mathrm{DM}} = \sqrt{2} U_2$$

（3）电动机负载（反电动势负载）

正在运行的直流电动机的电枢（忽略电枢电感）、被充电的蓄电池等这类负载本身是一个直流电源。对于相控整流电路来说，它们是电动机负载，也称为反电动势负载，其等效电路用电动势 E 和负载回路电阻 R_{d}（电枢电阻）表示，负载电动机的极性如图 1-25（a）所示。

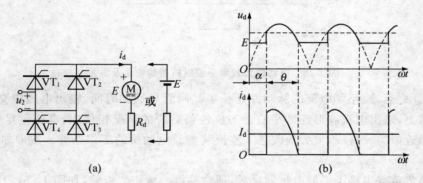

图 1-25　电动机负载电路及波形图

整流电路接有电动机负载时，只有当电源电压 u_2 大于电动机的电动势 E 时，晶闸管才能被触发导通；$u_2 < E$ 时，晶闸管承受反向电压关断，如图 1-25（b）所示。在晶闸管导通期间，输出整流电压 $u_{\mathrm{d}} = E + i_{\mathrm{d}} R_{\mathrm{d}}$；在晶闸管关断期间，负载端电压保持原有电动势，故整流平均值电压较电感性负载时更大，这一点在实际应用电路中可容易地测得。导通角 $\theta < \pi$ 时，整流电流波形出现断续。

负载电流平均值为

$$I_{\mathrm{d}} = \frac{U_{\mathrm{d}} - E}{R_{\mathrm{d}}}$$

当整流输出直流电动机负载时，由于导通角 θ 小，电流断续。当负载回路中的电阻较小时，若要求输出同样的平均值电流，则峰值电流变大。因而电流有效值将比平均值大许多倍。

对于直流电动机负载来说，由于电流断续，随着 I_d 的增大，转速 n（电动势 E）下降较大，相当于整流电源的内阻增大，较大的峰值电流在电动机换向时易产生火花；对于交流电源来说，因电流有效值大，要求电源的容量大，使功率因数变低。因此，在电动机负载回路中一般要串联一平波电抗器，如图 1-26(a) 所示的 L_d。

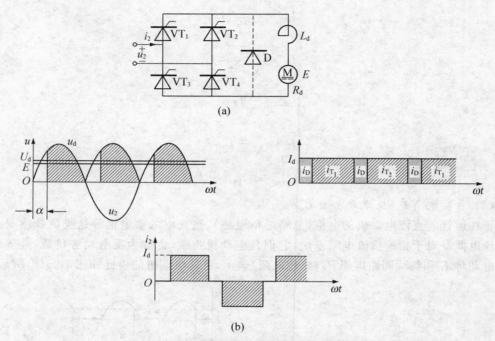

(a)

(b)

图 1-26　电动机负载串平波电抗器的电路及波形

串入 L_d 之后，减小了电流的脉动并延长了晶闸管导通的时间，输出电压中交流分量降落在电抗器上，输出电流波形连续平直。与感性负载时的情况相似，当电感量足够大时，输出电流波形近似为一直线，大大地改善了整流装置及电动机的工作条件。波形如图 1-26(b) 所示。

反电动势负载串接了平波电抗器之后，通常并接一续流二极管，如图 1-26(a) 虚线所示。其分析方法与电感性负载相同。电路各参量计算公式除 $I_d = (U_d - E)/R_d$（R_d 包含平波电抗器内阻及电动机电枢电阻）之外，其他均与电感性负载情况相同。

单相桥式全控整流电路，具有输出电压脉动小、电压平均值大、整流变压器没有直流磁化及利用率高等优点。但使用的晶闸管器件较多，工作时要求桥臂两管同时导通，脉冲变压器二次侧要求有 3～4 个绕组，绕组间要承受 u_2 耐压，绝缘要求较高。单相桥式全控整流电路同时适合于在逆变电路中应用。

3. 小容量晶闸管的触发电路

控制晶闸管导通的电路称为触发电路。触发电路通常按组成的主要器件名称分类，可分为单结晶体管触发电路、晶体管触发电路、集成触发电路、计算机控制数字触发电路等。

常见的触发脉冲的电压波形如图 1-27 所示。多数晶闸管电路要求触发脉冲前沿要陡，以实现精确的触发导通控制。当负载为电感性时，触发脉冲必须有一定的宽度，以保证晶闸管的电流上升到擎住电流以上,使之可靠导通。

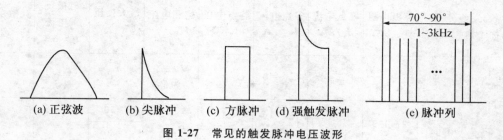

图 1-27　常见的触发脉冲电压波形

单结晶体管触发电路结构简单,输出脉冲前沿陡,抗干扰能力强,运行可靠,调试方便,被广泛应用于对中、小容量晶闸管的触发控制。

（1）单结晶体管

单结晶体管的结构及其图形符号如图 1-28 所示。在一块高电阻率的 N 型硅片两端,用欧姆接触方式引出第一基极 B_1 和第二基极 B_2,B_1 与 B_2 之间的电阻为 N 型硅片的体电阻,约为 $3\sim12k\Omega$。在硅片靠近 B_2 极掺入 P 型杂质,形成 PN 结,由 P 区引出发射极 E。由以上结构可知,该器件只有一个 PN 结,但有两个基极,所以其名称为单结晶体管,或称为双基极管。

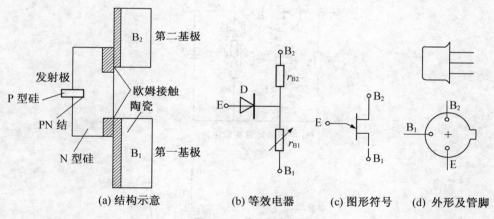

图 1-28　单结晶体管

常用的国产单结晶体管型号有 BT33 和 BT35 两种,其中 B 表示半导体,T 表示特种管,第一个数字 3 表示有 3 个电极,第二个数字 3（或 5）表示耗散功率 300mW（或 500 mW）。单结晶体管的主要参数如表 1-2 所示。

用万用表来判别单结晶体管的好坏比较容易,可选择 $R\times1k\Omega$ 电阻挡进行测量。若某个电极与另外两个电极的正向电阻小于反向电阻,则该电极为发射极 E;接着测量另外两个电极的正、反向电阻,阻值应该相等。

单结晶体管的伏安特性:当两基极 B_2 和 B_1 间加某一固定直流电压 U_{BB} 时,发射极电流 I_E 与发射极正向电压 U_E 之间的关系曲线称为单结晶体管的伏安特性 $I_E=f(U_E)$,实验电路图及特性如图 1-29 所示。

表 1-2　单结晶体管的主要参数

参数名称		分压比 η	基极电阻 $r_{BB}/k\Omega$	峰点电流 $I_p/\mu A$	谷点电流 I_v/mA	谷点电压 I_v/V	饱和电压 U_{ES}/V	最大反压 U_{B_2E}/V	射极反漏电流 $I_{E0}/\mu A$	耗散功率 P_{max}/mW
测试条件		$U_{BB}=20V$	$U_{BB}=3V$ $I_E=0$	$U_{BB}=0$	$U_{BB}=0$	$U_{BB}=0$	$U_{BB}=0$ I_E 为最大		U_{B_2E} 为最大	
BT33	A	0.45~0.9	2~4.5			<3.5	<4	≥30		300
	B							≥60		
	C	0.3~0.9	>(4.5~12)			<4	<4.5	≥30		
	D			<4	>1.5			≥60	<2	
BT35	A	0.45~0.9	2~4.5			<3.5	<4	≥30		500
	B					>3.5		≥60		
	C	0.3~0.9	>(4.5~12)			<4	<4.5	≥30		
	D							≥60		

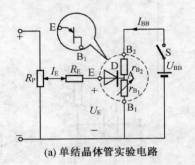

(a) 单结晶体管实验电路

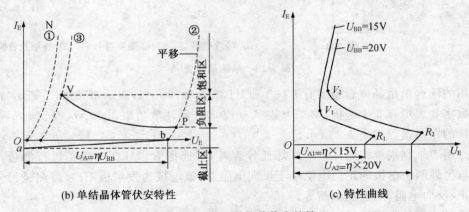

(b) 单结晶体管伏安特性　　　　　　(c) 特性曲线

图 1-29　单结晶体管伏安特性

当开关 S 断开,加发射极电压 U_E 时,得到如图 1-29(b)①所示伏安特性曲线,该曲线与二极管伏安特性曲线相似。

1）截止区——AP 段

当开关 S 闭合时，电压 U_{BB} 通过单结晶体管等效电路中的 r_{B_1} 和 r_{B_2} 分压，得 A 点电位 U_A 为

$$U_A = \frac{r_{B_1} U_{BB}}{r_{B_2} + r_{B_1}} = \eta U_{BB}$$

式中：η——分压比，是单结晶体管的主要参数，一般为 0.3～0.9。

当 U_E 从零逐渐增加，但 $U_E < U_A$ 时，单结晶体管的 PN 结反向偏置，只有很小的反向漏电流。当 U_E 增加到与 U_A 相等时，$I_E = 0$，即如图 1-29(b) 所示特性曲线与横坐标交点 b 处。进一步增加 U_E，PN 结开始正偏，出现正向漏电流，直到当发射结电位 U_E 增加到高出 ηU_{BB} 加 PN 结正向压降 U_D 时，即 $U_E = U_P = \eta U_{BB} + U_D$ 时，等效二极管 D 才导通。此时单结晶体管由截止状态进入导通状态，并将该转折点称为峰点 P。P 点所对应的电压称为峰点电压 U_P，所对应的电流称为峰点电流 I_P。

2）负阻区——PV 段

当 $U_E > U_P$ 时，等效二极管 D 导通，I_e 增大，这时大量的空穴载流子从发射极注入 A 点到 B_1 的硅片，使 r_{B_1} 迅速减小，导致 U_A 下降，因而 U_E 也下降。U_A 的下降，使 PN 结承受更大的正偏，引起更多的空穴载流子注入到硅片中，使 r_{B_1} 进一步减小，形成更大的发射极电流 I_E，这是一个强烈的增强式正反馈过程。当 I_E 增大到一定程度，硅片中载流子的浓度趋于饱和，r_{B_1} 已减小至最小值，A 点的分压 U_A 最小，因而 U_A 也最小，得曲线上的 V 点。V 点称为谷点，谷点所对应的电压和电流称为谷点电压 U_V 和谷点电流 I_V。这一区间称为特性曲线的负阻区。

3）饱和区——VN 段

当硅片中载流子饱和后，欲使 I_E 继续增大，必须增大电压 U_E，单结晶体管处于饱和导通状态。改变电压 U_{BB}，器件等效电路中的 U_A 和特性曲线中 U_P 也随之改变，从而可获得一簇单结晶体管伏安特性曲线，如图 1-29(c) 所示。

（2）单结晶体管自激振荡电路

利用单结晶体管的负阻特性和 RC 电路的充、放电特性，可以组成单结晶体管自激振荡电路，如图 1-30 所示。

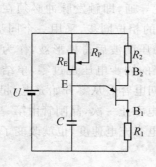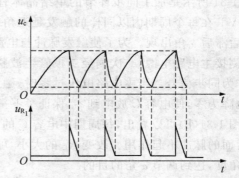

图 1-30　单结晶体管自激振荡电路及波形

设电源未接通时,电容 C 上的电压为零。电源接通后,U 通过电阻 R_e 对电容 C 充电,充电时间常数为 $R_E C$;当电容电压达到单结晶体管的峰点电压 U_P 时,单结晶体管进入负阻区,并很快饱和导通,电容 C 通过 E B_1 结向电阻 R_1 放电,在 R_1 上产生脉冲电压 u_{R_1}。在放电过程中,u_C 按指数曲线下降到谷点电压 U_V,单结晶体管由导通迅速转变为截止,R_1 上的脉冲电压终止。此后 C 又开始下一次充电,重复上述过程。由于放电时间常数 $(R_1 + r_{B_1})C$ 远远小于充电时间常数 $R_E C$,故在电容两端得到的是锯齿波电压,在电阻 R_1 上得到的是尖脉冲电压。

应注意的是,R_E 的值太大或太小时,电路不能产生振荡。当 R_E 太大时,充电电流在 R_E 上的压降太大,电容 C 上的充电电压始终达不到峰点电压 U_P,单结晶体管不能进入负阻区,一直处于截止状态,电路无法振荡;当 R_E 太小时,单结晶体管导通后的 i_E 将一直大于 I_V,单结晶体管关断不了。因此,满足电路振荡的 R_E 的取值范围为

$$\frac{U - U_P}{I_P} \geqslant R_E \geqslant \frac{U - U_V}{I_V}$$

为了防止 R_E 取值过小电路不能振荡,一般取一固定电阻 r 与另一可调电阻 R_E 串联,以调整到满足振荡条件的合适频率。若忽略电容 C 放电时间,电路的自激振荡频率近似为

$$f = \frac{1}{T} = \frac{1}{R_E C \ln \dfrac{1}{1 - \eta}}$$

电路中,R_1 上的脉冲电压宽度取决于电容放电时间常数。R_2 是温度补偿电阻,作用是保持振荡频率的稳定。例如,当温度升高时,由于管子 PN 结具有负的温度系数,U_D 减小;而 r_{BB} 具有正的温度系数,r_{BB} 增大,R_2 上的压降减小,则使加在管子 B_1、B_2 上的电压略升高,使得 U_A 略增大,从而使峰点电压 $U_P = U_A + U_D$ 基本不变。

（3）具有同步环节的单结晶体管触发电路

如采用上述单结晶体管自激振荡电路输出的脉冲电压去触发相控整流电路中的晶闸管,得到的电压 u_d 的波形将是不规则的,无法进行正常的控制。这是因为触发电路缺少与主电路晶闸管保持电压同步的环节。

如图 1-31 所示是加了同步环节的单结晶体管触发电路,主电路为单相半波整流电路。要求图中 VT 在每个周期内以同样的触发延迟角被触发导通,即触发脉冲必须在电源电压每次过零后滞后 α 角出现。为了使触发脉冲与电源电压的相位同步,采用一个同步变压器。它的一次侧接主电路电源,二次侧经二极管半波整流、稳压削波后得梯形波,作为触发电路电源,也作为同步信号。当主电路电压过零时,触发电路的同步电压也过零,单结晶体管的 U_{BB} 电压也降为零,使电容 C 放电到零,保证了下一个周期电容 C 从零开始充电,起到了同步作用。从图 1-31（b）可以看出,每周期中电容 C 的充、放电不止一次,晶闸管由第一个脉冲触发导通,后面的脉冲不起作用。改变 R_E 的大小,可改变电容充电速度,也就改变了第一个脉冲出现的角度,达到调节 α 角的目的。

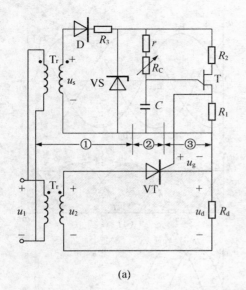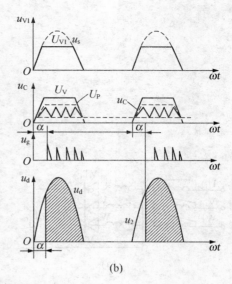

图 1-31 单结晶体管同步触发电路

实际应用中,常用晶体管 T 代替可调电阻器 R_e,便实现自动移相。同时脉冲的输出一般通过脉冲变压器 T_P,以实现触发电路与主电路的电气隔离,如图 1-32 所示。单结晶体管触发电路虽较简单,但由于它的参数差异较大,用于多相电路的触发时不易一致。此外,其输出功率较小,脉冲较窄,虽加有温度补偿,但对于大范围的温度变化时仍会出现误差,控制线性度不好。因此,单结晶体管触发电路只用于控制精度要求不高的单相晶闸管变流系统。

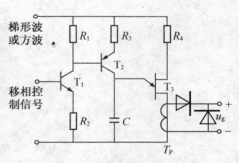

图 1-32 带输出脉冲变压器的单结晶体管触发电路

五、相关的扩展知识

1. 三相半波相控整流电路

单相相控整流电路元器件少,线路简单,调整方便,但输出电压的脉动较大。当所带的负载较重时,会因单相供电而引起三相电网不平衡,故只适用于小容量的设备中。当容量较大、要求输出电压脉动较小、对控制的快速性有要求时,则多采用三相相控整流电路。三相相控整流电路的形式有三相半波、三相桥式全控、三相桥式半控、双反星形电路以及适合于较大功率应用的 12 相整流电路等。多相相控整流电路形式多样,最基本的是三相半波相控整流电路。其他类型可视为三相半波相控整流电路以不同方式串联或并联而成。下面将重点分析三相半波相控整流电路,以电阻性负载为例。

三相半波相控整流电路如图 1-33(a)所示。T_r 为三相整流变压器,晶闸管 VT_1、VT_2、VT_3 的阳极分别与变压器的 U、V、W 三相相连,三只晶闸管的阴极接在一起经负载电阻 R_d 与变压器的中性线相连,它们组成共阴极接法电路。

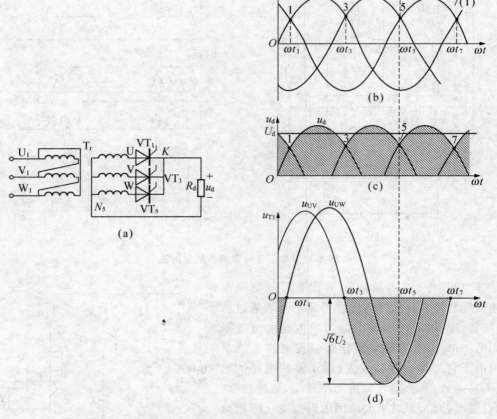

图 1-33　三相半波相控整流电路及波形

（1）电路工作原理与波形分析

整流变压器的二次相电压有效值为 U_2，三相电压波形如图 1-33（b）所示，表达式分别为

$$u_U = \sqrt{2}U_2 \sin\omega t$$

$$u_V = \sqrt{2}U_2 \sin(\omega t - 2\pi/3)$$

$$u_W = \sqrt{2}U_2 \sin(\omega t + 2\pi/3)$$

电源电压是不断变化的，三相中哪一相所接的晶闸管可被触发导通呢？依据晶闸管的单向导电原则，取决于三只晶闸管各自所接的 u_U、u_V、u_W 中哪一相电压瞬时值最高，则该相所接晶闸管可被触发导通，而另外两管则承受反向电压而阻断。下面分析当触发延迟角 α 不同时，整流电路的工作原理。

1）触发延迟角 $\alpha = 0°$

当 $\alpha = 0°$ 时，晶闸管 VT_1、VT_3、VT_5 相当于三只整流二极管，有如图 1-33（c）所示的负载电压波形：$\omega t_1 \sim \omega t_3$ 期间，u_U 瞬时值最高，U 相所接的晶闸管 VT_1 可被触发导通，输出电压 $u_d = u_U$，V 相和 W 相所接 VT_3、VT_5 承受反向线电压而阻断；$\omega t_3 \sim \omega t_5$ 期间，u_V 瞬时值最高，VT_3 可被触发导通，输出电压配 $u_d = u_V$，VT_1、VT_5 承受反向线电压而阻断；$\omega t_5 \sim \omega t_7$ 期

间,u_W 瞬时值最高,VT_5 可被触发导通,输出电压 $u_d = u_W$,VT_1、VT_3 承受反向线电压而阻断。依次循环,每管导通 120°,三相电源轮流向负载供电,负载电压 u_d 为三相电源电压正半周包络线,脉动频率为 $3 \times 50\text{Hz} = 150\text{Hz}$。

ωt_1、ωt_3、ωt_5 时刻所对应的 1、3、5 三个点,称为自然换相点,分别是三只晶闸管轮换导通的起始点。自然换相点也是各相所接晶闸管可能被触发导通的最早时刻,在此之前由于晶闸管承受反向电压,不可能导通。因此把自然换相点作为计算触发延迟角 α 的起点,即该点 $\alpha = 0°$,对应于 $\omega t = 30°$。

$\alpha = 0°$ 时,晶闸管 VT_1 的电压为 u_{T1}。波形如图 1-33(d)所示。在 $\omega t_1 \sim \omega t_3$ 期间导通,管压降为零;在 $\omega t_3 \sim \omega t_5$ 期间,VT_3 导通,VT_1 承受反相线电压 u_{UV};在 $\omega t_5 \sim \omega t_7$ 期间,VT_5 导通,VT_1 承受反向线电压 u_{UW}。以此类推 120° 和 240°,可画出晶闸管 VT_3、VT_5 的电压波形。

2）触发延迟角 $\alpha = 30°$

如图 1-34 所示为当触发脉冲后移到 $\alpha = 30°$ 时的波形。假设电路已在工作,W 相所接的晶闸管 VT_5 导通,经过自然换相点"1"时,由于 U 相所接晶闸管 VT_1 的触发脉冲尚未送到,故无法导通。于是,VT_5 管仍承受 u_W 正向电压继续导通,直到过 U 相自然换相"1"点 30°,即 $\alpha = 30°$ 时,晶闸管 VT_1 被触发导通,输出直流电压波形由 u_W 换成为 u_U,如图 1-34(a)所示波形。VT_1 的导通使晶闸管 VT_5 承受 u_{UW} 反向电压而被强迫关断,负载电流 i_d 从 W 相换到 U 相。以此类推,其他两相也依次轮流导通与关断。负载电流 i_d 波形与 u_d 波形相似,而流过晶闸管 VT_1 的电流 i_{T1} 波形是 i_d 波形的 1/3 区间,如图 1-34(c)所示。$\alpha = 30°$ 时,晶闸管 VT_1 两端的电压 u_{T1} 波形如图 1-34(d)所示,它可分成三部分:晶闸管 VT_1 本身导通,$u_{T1} = 0$;VT_3 导通时,VT_1 管将承受线电压 u_{UV};VT_5 导通时,VT_1 管将承受线电压 u_{UW}。其他两相晶闸管两端所承受的电压与 u_{T1} 相同,但相位依次相差 120°。

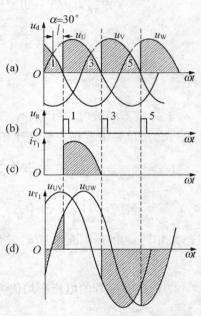

图 1-34　电阻性负载 $\alpha = 30°$ 时波形

3）触发延迟角 $\alpha = 60°$

如图 1-35 所示为当触发脉冲后移到 $\alpha = 60°$ 时的波形,其输出电压 u_d 波形及负载电流 i_d 波形均已断续,三只晶闸管都在本相电源电压过零时自行关断。晶闸管的导通角显然小于 120°,仅为 $\theta_T = 90°$。晶闸管 VT_1 两端的电压 u_{T1} 波形如图 1-35(d)所示,器件本身导通时,$u_{T1} = 0$;相邻器件导通时,要承受电源线电压,即 $u_{T1} = u_{UV}$ 与 $u_{T1} = u_{UW}$;当三只晶闸管均不导通时,VT_1 承受本身 U 相电源电压,即 $u_{T1} = u_U$。

显然,当触发脉冲后移到 $\alpha = 150°$ 时,由于晶闸管已不再承受正向电压而无法导通,$U_d = 0\text{V}$。所以三相半波相控整流电路带电阻性负载时,其触发延迟角 α 的可调范围是 $0° \sim 150°$。

（2）各电量计算

1）直流平均电压 U_d 及负载电流 I_d

根据电路工作原理,u_d 波形在 $0° \leqslant \alpha \leqslant 30°$ 区间是连续的,而 $30° < \alpha \leqslant 150°$ 区间是断续

的。故它的直流平均电压要分别计算。

① $0° \leqslant \alpha \leqslant 30°$时（见图1-34（a））

$$U_d = \frac{3}{2\pi} \int_{\frac{\pi}{6}+\alpha}^{\frac{\pi}{6}+\alpha+\frac{2\pi}{3}} \sqrt{2}U_2 \sin\omega t \, d(\omega t)$$

$$\approx 1.17 U_2 \cos\alpha$$

$$= U_{d_0} \cos\alpha$$

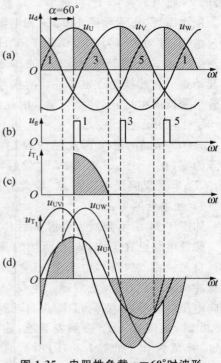

其中，$U_{d_0} = 1.17U_2$ 是指 $\alpha = 0°$时的输出直流平均电压。

② $30° < \alpha \leqslant 150°$时（见图1-35（a））

$$U_d = \frac{3}{2\pi} \int_{\frac{\pi}{6}+\alpha}^{\pi} \sqrt{2}U_2 \sin\omega t \, d(\omega t)$$

$$= \frac{3\sqrt{2}U_2}{2\pi} \left[1 + \cos\left(\frac{\pi}{6} + \alpha\right) \right]$$

$$\approx 0.675 U_2 \left[1 + \cos\left(\frac{\pi}{6} + \alpha\right) \right]$$

图 1-35　电阻性负载 $\alpha=60°$时波形

当 u_d 波形断续时，一周期有三块相同波形，U_d 值也可套用单相半波相控整流计算式，即

$$U_d = 3 \times 0.45 U_2 \left[1 + \cos\left(\frac{\pi}{6} + \alpha\right) \right] \bigg/ 2$$

$$\approx 0.675 U_2 \left[1 + \cos\left(\frac{\pi}{6} + \alpha\right) \right]$$

其结果相同。由于 i_d 波形与 u_d 波形相似，数值上相差 R_d 倍，即负载电流平均值为

$$I_d = U_d / R_d$$

2）流过晶闸管的电流平均值为

$$I_{dT} = \frac{1}{3} I_d$$

3）晶闸管承受的最高电压为

$$U_{TM} = \sqrt{6} U_2$$

2. 三相桥式全控整流电路

三相桥式全控整流电路如图1-36（a）所示。可见其是由一组共阴极接法和另一组共阳极接法的三相半波相控整流电路串联而成的。共阴组 VT_1、VT_3、VT_5 在正半周导电，流经变压器的电流为正向电流；共阳组 VT_2、VT_4、VT_6 在负半周导电，流经变压器的电流为反向电流。变压器每相绕组在正、负半周都有电流流过，因此，变压器绕组中没有直流磁通势，同时也提高了变压器绕组的利用率。

三相桥式全控整流电路多用于直流电动机或要求实现有源逆变的负载。为使负载电流连续平滑，利于直流电动机换相及减小火花，并改善电动机的机械特性，一般要串入电感量足够大的平波电抗器 L_d，这样就等同于含有反电动势的大电感负载。现分析如下。

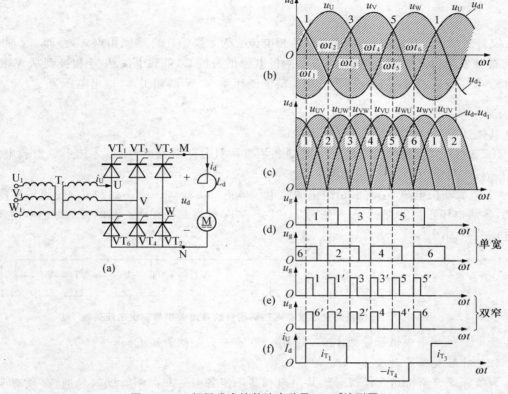

图 1-36　三相桥式全控整流电路及 $\alpha = 0°$ 波形图

（1）工作原理

如图 1-36（b）所示为未接续流二极管时三相桥式全控整流电路，当 $\alpha = 0°$ 时的电压波形。触发电路先后向各自所控制的晶闸管的门极（对应自然换相点）送出触发脉冲，即在三相电源电压正半波的 1、3、5 点（正半波自然换相点）向共阴组晶闸管 VT_1、VT_3、VT_5 输出触发脉冲；在三相电源电压负半波的 2、4、6 点（负半波自然换相点）向共阳组晶闸管 VT_2、VT_4、VT_6 输出触发脉冲。负载上所得到的整流输出电压 u_d 波形为三相电源线电压波形正、负半周的包络线，如图 1-36（b）所示。或由三相电源线电压 u_{UV}、u_{UW}、u_{VW}、u_{VU}、u_{WU} 和 u_{WV} 的正半波所组成的包络线，如图 1-36（c）所示。图中各线电压的交点处 1~6 就是三相桥式全控整流电路 6 只晶闸管 VT_1~VT_6 的自然换相点，也就是晶闸管触发延迟角 α 的起始点。

在 $\omega t_1 \sim \omega t_2$ 区间，U 相电位最高，V 相电位最低，此时共阴组的 VT_1 和共阳组 VT_6 同时被触发导通。电流由 U 相经 VT_1 流向负载，又经 VT_6 流入 V 相。假设共阴组流过 U 相绕组电流为正，那么共阳组流过 U 相绕组电流就应为负。在这区间 VT_1 和 VT_6 工作，所以输出电压为

$$u_d = u_U - u_V = u_{UV}$$

经 60° 后进入 $\omega t_2 \sim \omega t_3$ 区间，U 相电位仍然最高，所以 VT_1 继续导通，但 W 相晶闸管 VT_2 的阴极电位变为最低。在自然换相点 2 处，即 ωt_2 时刻，VT_2 被触发导通，VT_2 的导通使 VT_6 承受 u_{VU} 反向电压而被迫关断。这一区间负载电流仍然从 U 相流出，经 VT_1、负载、

VT_2 而回到电源 W 相,这一区间的整流输出电压为

$$u_d = u_U - u_W = u_{UW}$$

又经过 $60°$ 后进入 $\omega t_3 \sim \omega t_4$ 区间,V 相电位变为最高。在自然换相点 3 处,即 ωt_3 时刻,VT_3 被触发导通。W 相晶闸管 VT_2 的阴极电位仍为最低,负载电流从 U 相换到从 V 相流出,经 VT_3、负载、VT_2 回到电源 W 相。整流变压器 V、W 两相工作,输出电压为

$$u_d = u_V - u_W = u_{VW}$$

其他区间,以此类推,并遵循以下规律:

① 三相桥式全控整流电路任一时刻必须有两只晶闸管同时导通,才能形成负载电流,其中一只在共阳组,另一只在共阴组。

② 整流输出电压 u_d 波形是由电源线电压 u_{UV}、u_{UW}、u_{VW}、u_{VU}、u_{WU} 和 u_{WV} 轮流输出所组成的,各线电压正半波交点 1~6 分别是 $VT_1 \sim VT_6$ 的自然换相点。晶闸管的导通顺序及输出电压关系如图 1-37 所示。

图 1-37　三相桥式全控整流电路晶闸管的导通顺序与输出电压关系

③ 6 只晶闸管中每管导通 $120°$,每间隔 $60°$ 有一只晶闸管换流。

（2）对触发脉冲的要求

为了保证整流桥路在任何时刻共阴组和共阳组各有一只晶闸管同时导通,必须对应该导通的一对晶闸管同时给出触发脉冲,为此可用以下两种触发方式。

1）采用单宽脉冲触发

如图 1-36(d) 所示,使每一个触发脉冲的宽度大于 $60°$ 而小于 $120°$,在相隔 $60°$ 要换相时,当后一个脉冲出现的时刻,而前一个脉冲还未消失,因此在任何换相点均能同时触发相邻两只晶闸管。例如,在触发 VT_3 时,由于 VT_2 的触发脉冲 u_{g2} 还未消失,故 VT_3 与 VT_2 同时被触发导通。

2）采用双窄脉冲触发

如图 1-36(e) 所示,在触发某一相晶闸管时,触发电路能同时给前一相晶闸管补发一个冲（称为辅助脉冲）。例如,在送出 1 号脉冲触发 VT_1 的同时,对 VT_6 也送出 6′号辅助脉冲,这样 VT_1 与 VT_6 就能同时被触发导通;在送出 2 号脉冲触发 VT_2 的同时,对 VT_1 也送出 1′号辅助脉冲,这样 VT_1 与 VT_2 就能同时被触发导通。其余各管依次导通,保证在任一时刻有两管同时导通。双窄脉冲的触发电路虽然较复杂,但它可以减少触发电路的输出功率,缩小脉冲变压器的铁芯体积,故这种触发方式用得较多。

（3）不同触发延迟角时电路的电压、电流波形

三相桥式全控整流电路带有反电动势串大电感的负载时,因负载属于大电感性质,所以只要整流输出电压平均值不为零,每只晶闸管的导通角都是 $120°$,与触发延迟角 α 大小无关。负载电流为连续平稳的一条水平线,而流过晶闸管与变压器绕组的电流均为方波。

1）$\alpha = 60°$ 时的波形

如图 1-38(a) 所示,电源线电压 u_{WV} 与 u_{UV} 相交点 1 为 VT_1 的自然换相点,亦是 VT_1 管

的 α 起算点,过该点 60°触发电路同时向 VT₁ 与 VT₆ 送出窄脉冲,于是 VT₁ 与 VT₆ 同时被触发导通,输出整流电压 u_d 为 u_{UV}。当过 60°时,u_{UV} 波形已降到零,但此时触发电路又立即同时触发 VT₂ 与 VT₁ 导通。VT₂ 的导通,使 VT₆ 承受反压而被关断,于是输出整流电压 u_d 变为 u_{UW} 波形,负载电流从 VT₆ 换到 VT₂。其余以此类推。至于晶闸管两端电压波形的画法,与三相半波电路分析方法相同,即晶闸管本身导通时电压为零;同组相邻晶闸管导通时,就承受相应线电压波形的某一段。如图 1-38(a)中 u_{T_1} 的波形就是遵循这一原则画出的。

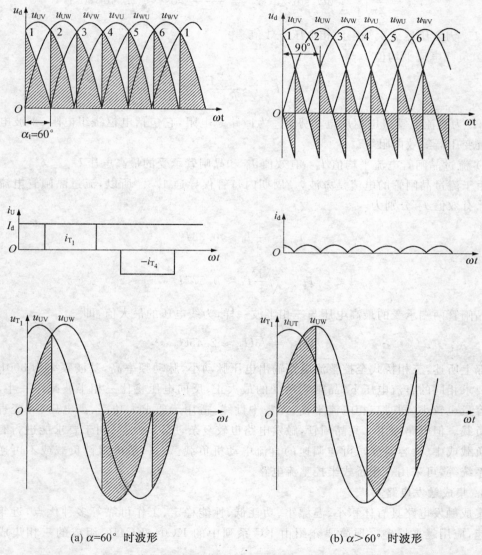

(a) $\alpha=60°$ 时波形   (b) $\alpha>60°$ 时波形

图 1-38 三相桥式全控整流电路带大电感负载,不同 α 角时电压与电流的波形

2)$\alpha>60°$时的波形

当 $\alpha>60°$ 时,波形出现了负面积,但由于是大电感负载,只要输出电压波形 u_d 的平均值不为零,晶闸管的导通角总是能维持 120°。由此可见,当 $\alpha=90°$ 时,输出整流电压 u_d 波形正、负面积相等,平均值为零,如图 1-38(b)所示。所以,在三相桥式全控整流电路大电感负载时,移相范围只能为 0°～90°。

(4) 各电量计算

1) 整流输出电压平均值 U_d

对于大电感负载,$0° \leqslant \alpha \leqslant 90°$,负载电流连续,晶闸管导通角均为 120°,输出整流电压 u_d 波形连续,整流输出电压平均值 U_d 为

$$U_d = \frac{6}{2\pi} \int_{\frac{\pi}{3}+\alpha}^{\frac{2\pi}{3}+\alpha} \sqrt{6} U_2 \sin\omega t \, d(\omega t) = \frac{3\sqrt{6} U_2}{\pi} \cos\alpha \approx 2.34 U_2 \cos\alpha$$

式中:U_2 为变压器二次绕组的相电压有效值。

2) 负载电流平均值 I_d

$$I_d = \frac{U_d - E}{R_\Sigma}$$

式中:E 为直流电动机电枢反电动势;R_Σ 为回路总电阻,它包括电枢绕组电阻、平波电抗器及整流变压器等效内阻等。

3) 流过晶闸管电流平均值 I_{dT}、有效值 I_T 和晶闸管承受的最高电压 U_{TM}

由于流过晶闸管的电流是方波,一周期内每管仅导通 1/3。所以,流过晶闸管电流平均值 I_{dT}、有效值 I_T 分别为

$$I_{dT} = \frac{1}{3} I_d \approx 0.33 I_d$$

$$I_T = \sqrt{\frac{1}{3}} I_d \approx 0.577 I_d$$

晶闸管两端承受的最高电压与三相半波一样,为线电压的最大值,即

$$U_{TM} = \sqrt{6} U_2 \approx 2.45 U_2$$

综上所述,三相桥式全控整流电路输出电压脉动小,脉动频率高,基波频率为 300Hz;在负载要求相同的直流电压下,晶闸管承受的最大正、反向电压将比三相半波减小一半,变压器的容量也较小,同时三相电流平衡,无需中性线;适用于要求大功率、高电压、可变直流电源的负载。但电路须用 6 只晶闸管,触发电路也较复杂,所以一般只用于要求能进行有源逆变的负载或中、大容量要求可逆调速的直流电动机负载。对一般电阻性负载或不可逆直流调速系统等,可采用三相桥式半控整流电路。

3. 集成触发电路

集成触发电路具有体积小、温漂小、功耗低、性能稳定、工作可靠等多种优点,近年来发展迅速,应用越来越多。现简要介绍由 KC 系列中的 KC04、KC41C 组成的三相集成触发电路。

如图 1-39 所示,是由三块 KC04 与一块 KC41C 外加少量分立元器件组成的三相桥式全控整流双窄脉冲集成触发电路,它比分立元器件电路要简单得多。

(1) KC04 移相触发器

KC04 移相触发器与分立元器件的锯齿波触发电路相似,也是由同步、锯齿波形成、移相控制、脉冲形成及放大输出等环节组成。该器件适用于单相、三相桥式全控整流装置中作晶

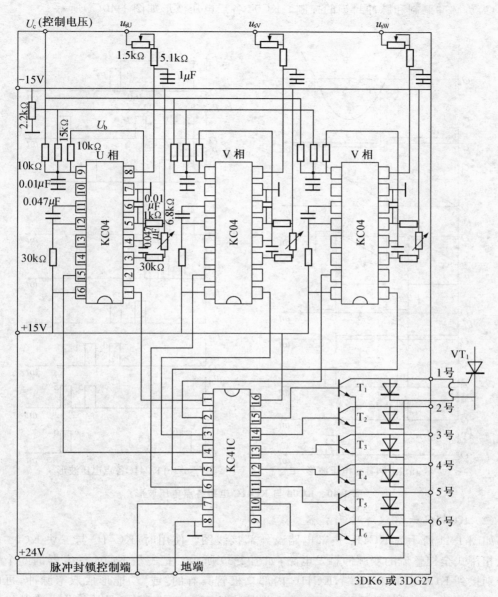

图 1-39 三相桥式全控整流双窄脉冲集成触发电路

闸管双路脉冲相控触发。

该电路在一个交流电周期内,在 1 脚(P_1)和 15 脚(P_{15})输出相位差 $180°$的两个窄脉冲,可以作为三相桥式全控整流主电路同一相所接的上、下晶闸管的触发脉冲。16 脚(P_{16})接 $+15V$ 电源,8 脚(P_8)接同步电压,但由同步变压器送出的电压须经微调电位器 1.5kΩ、电阻 5.1kΩ 和电容 1μF 组成的滤波移相,以达到消除同步电压高频谐波的侵入,提高抗干扰能力。所配阻容参数,使同步电压约后移 $30°$。可以通过微调电位器调整,使得输出脉冲间隔均匀。4 脚(P_4)形成的锯齿波,可以通过调节 6.8kΩ 电位器使三片集成块产生的锯齿波斜率一致。9 脚(P_9)为锯齿波、直流偏移电压 U_b 和控制移相电压 U_c 综合比较输入。13 脚

（P_{13}）为负脉冲调制和脉冲封锁的控制。KC04 各点电压波形如图 1-40（a）所示。

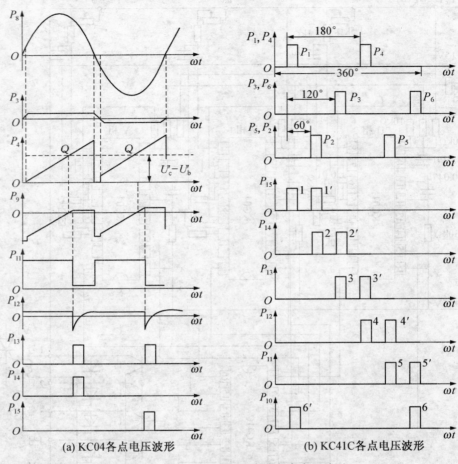

(a) KC04各点电压波形　　(b) KC41C各点电压波形

图 1-40　KC04 与 KC41C 电路各点电压波形

（2）KC41C 六路双脉冲形成器

如图 1-41 所示为 KC41C 内部电路及外部接线图。使用时,KC41C 与三块 KC04 可组成三相桥式全控整流的双脉冲触发电路,如图 1-39 所示。把三块 KC04 触发器的 6 个输出端分别接到 KC41C 的 1～6 端,KC41C 内部二极管具有的"或"功能形成双窄脉冲,再由集成电路内部的 6 只晶体管放大,从 10～15 端外接的 T_1～T_6（3DK6）晶体管作功率放大可得到 800mA 触发脉冲电流,可触发大功率的晶闸管。KC41C 不仅具有双脉冲形成功能,还可作为电子开关提供封锁控制的功能。集成块内部 T_7 管为电子开关,当 7 脚接地时,T_7 管截止,各路可输出触发脉冲。反之,7 脚置高电位,T_7 管导通,各路无输出脉冲。在图 1-39 所示三相桥式全控整流双窄脉冲集成触发电路中,KC41C 各管脚的脉冲波形如图 1-40（b）所示。

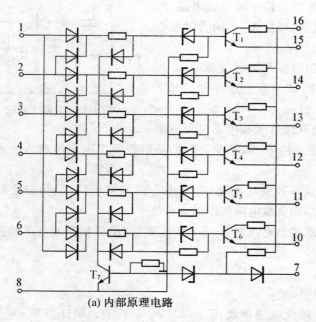

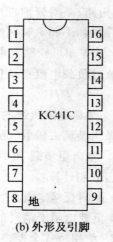

(a) 内部原理电路   (b) 外形及引脚

图 1-41   KC41C 内部电路及封装外形

练 习

1. 有些晶闸管触发导通后,触发脉冲结束时它又关断是什么原因?

2. 晶闸管阳极加较高电压或较低电压时,触发电压、触发电流是否一样?

3. 某一电热负载,要求直流电压 60V,电流 30A,采用单相半波可控整流电路,直接由 220V 电网供电,计算晶闸管的导通角及电流有效值。

4. 某电阻负载要求 0～24V 直流电压,最大负载电流 $I_d=30A$,如果用 220V 交流直接供电与用变压器降压到 60V 供电,都采用单相半波可控整流电路,是否都能满足要求? 试比较两种供电方案的晶闸管的导通角、额定电压、电流值、电源与变压器二次侧的功率因数以及对电源容量的要求。

5. 有一电机的励磁绕组,如图 1-42 所示,其直流电阻为 45Ω,希望在 0～90V 范围内可调,采用单相半波可控整流电路,由电网直接供电,电源电压为 220V,试选择晶闸管和二极管。

6. 具有续流二极管的单相半波可控整流对大电感负载供电,其阻值 $R=7.5Ω$,电源电压 220V。试计算当控制角为 30° 和 60° 时,晶闸管和续流二极管的电流平均值和有效值。在什么情况下续流二极管中的电流平均值大于晶闸管中的电流平均值?

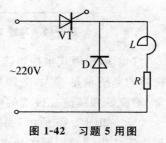

图 1-42   习题 5 用图

7. 如图 1-43 所示为同步发电机单相半波自励电路,原先运行正常,突然发现电机电压很低,经检查,晶闸管触发电路以及熔断器 FU 均正常,试问是何原因?

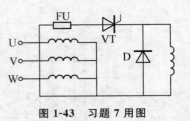

图 1-43 习题 7 用图

8. 单相半波可控整流电路,如门极不加触发脉冲;晶闸管内部短路;晶闸管内部电极断开,试分析上述三种情况下晶闸管两端 u_T 和负载两端 u_d 的波形。

9. 某单相可控整流电路给电阻性负载和电动机负载供电,在流过负载电流平均值相同的条件下,哪一种负载的晶闸管额定电流应选大一点? 为什么?

10. 某纯电阻负载的单相桥式半控整流电路,若其中一只晶闸管的阳、阴极之间被烧断,试画出整流二极管、晶闸管两端和负载电阻两端的电压波形。

11. 某电阻负载 $R=50\Omega$,要求输出电压在 $0\sim600V$ 可调,试用单相半波与单相全波两种供电,分别计算:

① 晶闸管额定电压、电流值。

② 负载电阻上消耗的最大功率。

12. 单相桥式全控整流电路,接大电感负载,$U_2=220V$,$R_d=4\Omega$。试计算当 $\alpha=60°$ 时,输出电压、电流的平均值。如果负载端并接续流二极管,输出电压、电流平均值又为多少? 并求流过晶闸管和续流二极管中电流平均值、有效值以及画出两种情况下的电流、电压波形图。

13. 如图 1-44 所示为一种简单的舞台调光线路,求:

① 根据 u_d、u_g 波形分析电路调光工作原理。

② 说明 R_P、D 及开关 Q 的作用。

③ 本电路晶闸管最小导通角 $\theta_{\min}$。

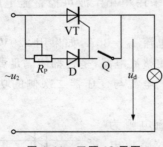

图 1-44 习题 13 用图

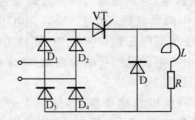

图 1-45 习题 15 用图

14. 单相桥式半控整流电路,接有续流二极管,对直流电动机电枢供电,主回路平波电抗器的电感量足够大,电源电压为 220V,控制角为 60°。此时,负载电流为 30A,计算晶闸管、整流管和续流二极管的电流平均值和有效值,交流电源的电流有效值、容量及功率因数。

15. 如图 1-45 所示,晶闸管的控制角为 60°,试画出晶闸管两端承受的电压波形,整流管和续流二极管每周期各导电多少度? 并计算晶闸管额定值,选择晶闸管。已知电源电压是 220V,负载是电感性负载,其中电阻是 5Ω。

16. 单相桥式全控整流电路,对直流电动机供电,主回路中平波电抗器的电感量足够大,要求电动机在额定转速往下调速,调速范围是 $1:10$,系恒转矩调速。试问调速范围与晶闸管容量定额有关系吗? 调速范围与要求移相范围的关系又如何?

17. 单相半控桥式整流电路,电阻负载 $R_d = 4\Omega$,要求 I_d 在 $0 \sim 25\text{A}$ 变化。求:

① 变压器的电压比。

② 晶闸管的电压和电流,并选择晶闸管。

③ 负载电阻 R_d 的功率。

④ 电路的功率因数。

18. 什么可控整流电路不应在直流侧直接接大电容滤波?

19. 在可控整流的负载为纯电阻情况下,电阻上的平均电流与平均电压之乘积,是否等于负载功率? 为什么?

20. 在可控整流的负载为大电感与电阻串联的情况下,如果忽略电感的电阻,这时负载电阻上的电流平均值与电压平均值的乘积是否等于负载功率? 为什么?

21. 单相半控桥式整流电路感性负载,当触发脉冲突然消失或 α 突然增大到 π,电路会产生什么现象? 电路失控时,可用什么方法判断哪一只晶闸管一直导通,哪一只一直阻断?

22. 单相半波可控整流接大电感负载,为什么必须接上续流管,电路才能正常工作?

23. 如图 1-46 所示,整流电路供反电动势负载,电抗器 L 足够大,电源电压为 220V,$\alpha = 90°$,负载电流 50A,试计算晶闸管、续流二极管的电流平均值、有效值。若电枢回路电阻为 0.2Ω,求电动机的反电动势,并画出这时负载电流、电压及续流二极管中的电流波形。

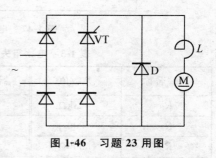

图 1-46 习题 23 用图

模块三 电冰箱失压、过压、过流自动保护电路

一、教学目标

1. 终极目标

学会利用晶闸管搭建电冰箱失压、过压、过流自动保护电路;同时学会晶闸管的应用及对其保护。

2. 促成目标

(1) 理解失压、过压、过流保护电路的概念。

(2) 能够利用晶闸管对电冰箱进行相关的保护。

(3) 学会对晶闸管的保护方法。

二、工作任务

(1) 购置并熟悉认识图 1-47 电冰箱失压、过压、过流自动保护电路所用的元器件(见表 1-3),并检测其好坏及器件的性能,重点选择、检测晶闸管和单结晶体管的好坏和参数。

（2）搭建、焊接并制作电冰箱失压、过压、过流自动保护电路，如图 1-47 所示。

（3）调试电冰箱的失压、过压、过流保护功能。

（4）分析其工作原理。

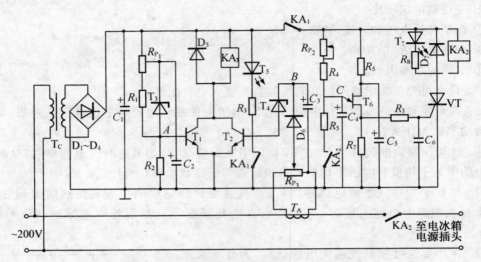

图 1-47 电冰箱失压、过压、过流自动保护电路

表 1-3 电冰箱失压、过压、过流自动保护电路所有主要器件

器件名称	参数值	器件名称	参数值	器件名称	参数值
R_1	3kΩ	C_1	220μF	$D_1 \sim D_4$	2CZ82C
R_2	200Ω	C_2	33μF	D_5	2CZ82C
R_3	300Ω	C_3	100μF	D_6	2CZ82C
R_4	300kΩ	C_4	200μF	T_1	3DG12
R_5	47Ω	C_5	200μF	T_2	3DG12
R_6	600Ω	C_6	0.02μF	T_3	2CW21C
R_7	100Ω			T_4	2CW21C
R_8	300Ω			T_6	BT33D
R_9	1kΩ				

如图 1-47 所示为电冰箱失压、过压、过流自动保护电路。由于电冰箱对电源的要求较高，如果电压波动超过 $\pm(5\sim10)$% 时，都会使冰箱的寿命缩短。特别是瞬间停电，对电冰箱的危害最大。这是由于当压缩机运转时，突然断电停机，紧接着来电起动，这时压缩机内高压侧与低压侧压力相差很大，电动机起动不了，很大的起动电流一直要到热继电器动作后才被切断。为此必须对电冰箱的失压、过压、过流实行自动保护。

由单结晶体管 T_6 和晶闸管 VT 组成延时电路。接通电源后，电容器 C_4 经电位器 R_{P_2}、R_4 充电，单结晶体管发射极电位逐渐上升，经过一段时间后，约 4~8min，发射极电位上升到单结晶体管峰点电压时，单结晶体管 T_6 导通，电容 C_4 放电，在 R_7 上产生一脉冲电压，经过 R_9 加在晶闸管 VT 的控制极上，使其导通，继电器 KA_2 得电，接通电冰箱电源。该部分主要是在瞬间停电后，延时接通电冰箱电源，同时也对过电压、过电流动作后起延时接通作用。

稳压管 T_3 和电位器 R_{P_1} 组成电压检测电路。当电源电压升高时，变压器 T_C 的二次侧电压升高，整流后的直流电压都成比例地升高，当电压升高到保护值时，稳压管 T_3 击穿，晶体管 T_1 的基极电位上升，使晶体管 T_1 导通，继电器 KA_1 得电，切断继电器 KA_2 的电源，从而切断电冰箱电源。当电源电压恢复正常值时，稳压管 T_3 截止，晶体管 T_1 的基极电位下降，使晶体管 T_1 恢复截止，继电器 KA_1 失电，延时部分通电，继电器 KA_2 经一段延时后得电，接通电冰箱电源。

互感器 T_A、电位器 R_{P_3}、二极管 D_6 组成电流检测电路。电冰箱电流越大，图1-47中的 B 点电位越高，当超过稳压管 T_4 的稳压值时，稳压管 T_4 反向击穿，使晶体管 T_2 导通，继电器 KA_1 得电，从而切断延时电路电源，继电器 KA_2 失电，从而切断电冰箱电源。

三、相关的实践知识

1. 过电流保护

由于半导体器件体积小、热容量小，尤其像晶闸管这类高电压、大电流的功率器件，结温必须受到严格的限制。当晶闸管中流过大于额定值的电流时，热量来不及散发，使得结温迅速升高，最终将导致结层被烧毁。

产生过电流的原因多种多样，如变流装置本身晶闸管损坏、触发电路发生故障、控制系统发生故障，交流电压过高、过低或者缺相，负载过载或短路及相邻设备故障影响等，都是导致晶闸管过流的因素。对于晶闸管过电流保护方法较常用的有以下几种：

（1）快速熔断器保护

快速熔断器保护是最简单有效的过电流保护。快速熔断器的熔体是银质熔丝并埋于石英砂内。它与普通熔断器相比，具有快速熔断的特性，在通常的短路过电流时，熔断时间小于20ms，可在晶闸管损坏之前，快速切断短路故障。

快速熔断器的使用一般有如图1-48所示的三种接法，其中在桥臂中串接熔断器的保护效果最好，但需使用的熔断器数量较多。如图1-48(c)所示电路，在直流侧接一只熔断器，它只能保护负载的故障情况，当晶闸管本身短路时则无法起保护作用。

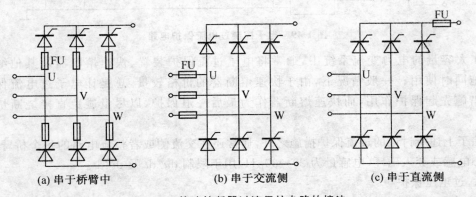

（a）串于桥臂中　　　　（b）串于交流侧　　　　（c）串于直流侧

图1-48　快速熔断器过流保护电路的接法

选择快速熔断器时要注意：① 快速熔断器的额定电压应大于线路正常工作电压的有效值；② 快速熔断器额定电流应大于或等于熔体的额定电流。如图1-48(a)所示，串于桥臂中的快速熔断器熔体的额定电流有效值可按下式求取：

$$1.57I_{T(AV)} \geq I_{FU} \geq I_{TM}$$

式中：$I_{T(AV)}$为被保护晶闸管的额定电流；I_{FU}为熔断器熔体电流的有效值；I_{TM}为流过晶闸管电流的最大有效值。

（2）电子线路控制的过流保护

如图1-49所示电路，它可在过电流时实现对触发脉冲的移相控制，也可在过电流时切断主电路电源，达到保护的目的。其过程是：通过电流互感器T_A检测主回路的电流大小，一旦出现过电流时，电流反馈电压U_{fi}增大，稳压二极管VS_1被击穿，晶体管T_2导通。一方面由于T_2导通，集电极变为低电位，T_1截止输出高电平去控制触发电路，使触发脉冲迅速往α增大的方向移动，使主电路输出电压迅速下降，负载电流也迅速减小，达到限制电流的目的；另一方面，由于T_2导通使灵敏继电器KA得电并自锁，断开主电路接触器KM，切断交流电源，实现过流保护。调节电位器R_P，可调节被限制的电流大小；HL为过流指示灯，过电流故障排除后，按下SB按钮，使保护电路恢复等待状态。

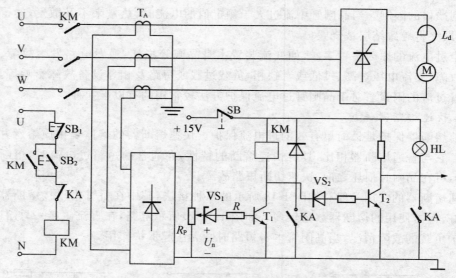

图1-49　电子控制过电流保护电路

在大容量的电力变流系统中，通常将电子过流保护装置、快速熔断器及其他继电保护措施同时使用。一般情况下，由于快速熔断器的价格较贵，总是让电子过电流保护装置等措施先起保护作用，而快速熔断器作为最后一道保护，以尽量避免直接烧断快速熔断器。

除了上述所讨论的过流保护措施之外，通常还在交流侧或者整流电路的每个桥臂中，串入空心电感或套入磁环（电感量为$20\sim30\mu H$）用于限制du/dt及di/dt。

2. 过电压保护

（1）过电压产生原因及分类

过电压产生的原因主要是供给的电功率或系统的储能发生了激烈的变化，使得系统能量来不及转换，或者系统中原来积聚的电磁能量不能及时消散而造成的。过电压主要表现为两种类型：一是开关的开、闭引起的冲击电压（也称为操作过电压）；二是雷击或其他的外来冲击过电压。电力电子装置中可能发生的过电压分为外因过电压和内因过电压两类。

① 操作过电压。由分闸、合闸等开关操作引起的过电压。电网侧的操作过电压会由供电变压器电磁感应耦合或由变压器绕组之间存在的分布电容静电感应耦合而来。

② 雷击过电压。由雷击引起的过电压。

③ 换相过电压。由于晶闸管或者续流二极管在换相结束后不能立刻恢复阻断能力，因而有较大的反向电流流过，使残存的载流子恢复。而当其恢复了阻断能力时，反向电流急剧减小，这样的电流突变会因线路电感而在晶闸管阴、阳极之间产生过电压，其值与换相结束后的反向电压有关。反向电压越高，则过电压值也越大，可达到工作电压峰值的 5～6 倍。其表现为如图1-50所示的尖峰电压。

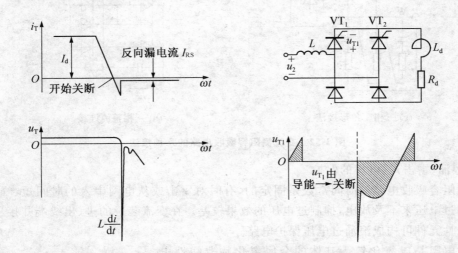

图 1-50　电力电子器件换相（关断）时的尖峰过电压波形

④ 关断过电压。当器件关断时，因正向电流的迅速降低而由线路电感在器件两端感应出的过电压。

（2）过电压保护措施

1）操作过电压的保护

针对形成过电压的不同原因，可以采取不同的抑制方法，如减少过电压源，使过电压幅值衰减；抑制过电压能量上升的速率，延缓已产生的能量消散速度并增加其消散的途径；采用电子线路进行保护。最常用的是在回路中接入具有吸收能量的元件，称为吸收回路或缓冲回路。

如图 1-51 所示为阻容电路用于吸收晶闸管关断时的过电压，图中 L 为回路漏感，电容 C 起主要的吸收尖峰过电压能量的作用。为了防止 LC 串联谐振时在电容两端产生更高的谐振电压，在电容回路中串入阻尼电阻 R。

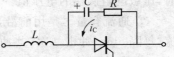

图 1-51　吸收晶闸管关断过电压的阻容保护电路

抑制过电压的 RC 吸收回路在交流侧的几种不同接法如图 1-52 所示。

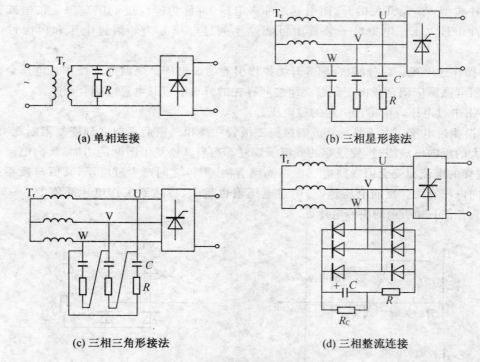

(a) 单相连接　　　　　　　　　　　(b) 三相星形接法

(c) 三相三角形接法　　　　　　　　(d) 三相整流连接

图 1-52　交流侧阻容吸收电路的几种接法

2) 浪涌(雷击)过电压的保护

上述阻容吸收电路的时间常数是固定的,有时对雷击或从电网串入的时间短、峰值高、能量大的过电压来不及放电,抑制过电压的效果较差。在变流装置的进、出线端并接压敏电阻等非线性元件可构成浪涌过电压保护电路。

压敏电阻是以氧化锌为基体的金属氧化物非线性电阻,其结构为两个电极,电极之间填充有氧化铋等晶粒界层。在正常电压作用下,晶粒界层呈高阻态,仅有小于 $100\mu A$ 的漏电流;过电压时引起电子雪崩击穿,晶粒界层迅速变成低阻抗,使电流迅速增大,其泄漏能量抑制过电压,起到保护晶闸管的作用。压敏电阻具有如图 1-53 所示的伏安特性及以下主要参数:

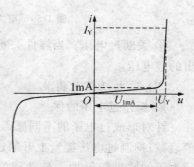

图 1-53　压敏电阻的伏安特性

① 标称电压 U_{1mA}。是指压敏电阻流过 1mA 直流电流时,压敏电阻两端的电压值。

② 通流容量。是用前沿 $8\mu s$,脉宽 $20\mu s$ 的波形冲击电流,每隔 5min 冲击一次,共冲击 10 次,以标称电压变化在 -10% 以内的最大冲击电流值(kA)来表示。

③ 残压比 U_Y/U_{1mA}。放电电流达到规定值 I_Y 时的电压 U_Y 与标称电压 U_{1mA} 之比。

压敏电阻的标称电压选择可按下式考虑取系列值,即

$$U_{1mA} = 1.3U_M$$

式中：U_M 为压敏电阻两端正常工作时承受的电压最大值，单位为 V。

压敏电阻的通流容量选择原则是：允许通过的最大电流应大于泄放过电压时流过压敏电阻的实际浪涌电流峰值。

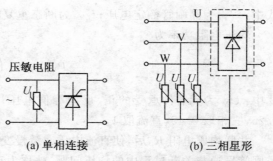

如图 1-54 所示为将压敏电阻接于交流输入侧的单相连接和三相星形接法。实用中还可将压敏电阻与桥臂晶闸管器件并联、三相交流输入侧三角形联结及并联于整流输出端作为直流侧过电压保护。压敏电阻通流容量大，残压低，抑制过电压能力强，平时漏电流小，放电后不会有续流，元件的标称电压数值范围宽，便于用户选择，伏安特性对称，对于交、直流或正、负浪涌电压均有较好的吸收效果。因此用途广泛。

图 1-54　压敏电阻的连接方法

四、相关的理论知识

当所用晶闸管的耐压或电流容量达不到实际设备要求时，就要考虑两个或两个以上的电力电子器件的串、并联使用。有的场合则采用整流变压器分组串、并联的方法，以满足对负载的大电流、高电压变流装置的需要。下面就介绍晶闸管的串、并联基本方法。

1. 晶闸管的串联使用

由于串联器件开关特性的分散性、驱动电路触发信号传递滞后时间的分散性等因素的存在，即使挑选同一型号管子，也会造成串联元件上的分压不均。如图 1-55(a) 所示，曲线①、②分别为晶闸管 VT_1 和 VT_2 的阳极反向伏安特性曲线。若将它们串联使用时，流过的反向漏电流虽然一样，但分配的反向电压不一样：VT_1 管小、VT_2 管大，存在着明显的分压不均现象，严重时会造成 VT_2 因反向过电压而先被击穿损坏，VT_1 随之也被击穿损坏的连锁现象。为此在实际应用中，除了要挑选相同型号的元件外，还要采取均压措施。

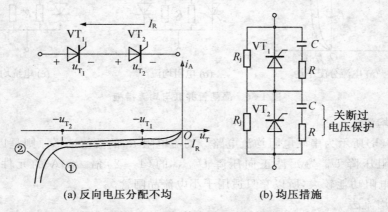

图 1-55　晶闸管串联与均压措施

如图 1-55(b) 所示，在串联元件上并联阻值相等的电阻 R_j，R_j 称为均压电阻。由于 R_j 阻值比管子的漏电阻小得多，所以并联 R_j 后，元器件两端的电阻值基本相等，因而在正、反向阻断状态时所承受的电压也基本相等,这种均压也称为静态均压。

均压电阻 R_j 可按下式选取:

$$R_j \leqslant (0.1-0.25)U_{TN}/I_{DRM}$$

式中:U_{TN} 为晶闸管额定电压;I_{DRM} 为断态重复峰值电流(漏电流峰值)。

均压电阻功率为

$$P_{R_j} \geqslant K_{R_j}\left(\frac{U_M}{n}\right)^2 \frac{1}{R_j}$$

式中:U_M 为元器件承受的正、反向峰值电压;n 为串联元器件数;K_{R_j} 为计算系数,单相取 0.25,三相取 0.45,直流取 1。

并联均压电阻 R_j 后,使直流电压或缓慢变化的电压均匀分配在各串联元器件上。对于晶闸管导通与关断过程中的均压问题,被称为动态均压。通常在元器件两端并联 R、C 阻容吸收回路,如图 1-55(b)所示,它既可起过电压保护作用,又可利用电容电压不能突变而减慢元件上的电压变化以实现动态均压的目的。

由于晶闸管、电阻、电容器等元器件参数的分散性,串联元器件实际承受的电压还不能达到完全均匀。所以实际使用中,串联的晶闸管必须降低电压使用,通常降低到额定值的 80%～90%。

2. 晶闸管的并联使用

采用相同型号的晶闸管并联,可以增大变流电路的输出电流。由于并联元件的正向特性不一致,会造成电流分配的不均匀,如图 1-56(a)所示。为了使并联元件的电流均匀分配,除了选择特性比较一致的元件外,还应采取均流措施。

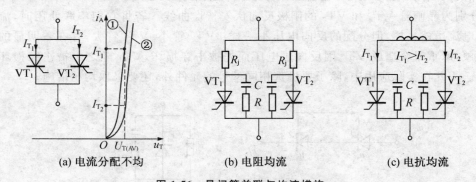

(a) 电流分配不均　　　　　(b) 电阻均流　　　　　(c) 电抗均流

图 1-56　晶闸管并联与均流措施

(1) 电阻均流法

如图 1-56(b)所示为串联电阻均流电路。均流电阻 R_j 的数值选择原则是以元件最大工作电流时,电阻压降 U_{R_j} 为元件正向压降 $U_{T(AV)}$ 的(1～2)倍。50A 的元件均流电阻为 0.04Ω。由于电阻功耗较大,所以它只适用于小电流晶闸管。

(2) 电抗均流法

如图 1-56(c)所示为串联电抗器均流电路。其均流原理是利用电抗器上感应电动势的作用,使管子的电压分配发生变化,使原来电流大的管子管压降降下来,使电流分配小的管子管压降升上去,以迫使并联晶闸管中电流分配基本一致。

同样,虽然采用了均流措施,并联晶闸管中电流分配仍然不可能完全一样,故在选择每管的电流定额时,还必须适当放大电流的裕量。可按以下经验公式求取:

$$I_{T(AV)} = \frac{(1.5 \sim 2)I_{TM}}{(0.8 \sim 0.9)1.57n} = (1.19 \sim 1.4)\frac{I_{TM}}{n}$$

式中:n 为并联的元器件个数;I_{TM} 为流过桥臂的总电流(最大有效值)。

在大电流、高电压设备中,还广泛采用如图 1-57 所示的整流变压器二次侧分组整流,然后再成组串联或并联的办法。这样一来,每个单组就不必采用均压与均流措施,使电路更为简化。变压器的两组二次绕组,通常是一组星形联结,另一组三角形联结。两组输出电压 u_{d1}、u_{d2} 的相位差为 30°,使输出电压为每周期 12 脉波。进一步减少脉动与纹波,使整流指标更好。

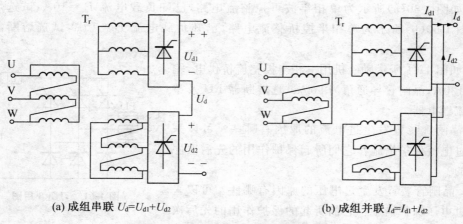

(a) 成组串联 $U_d = U_{d1} + U_{d2}$ (b) 成组并联 $I_d = I_{d1} + I_{d2}$

图 1-57 变流装置的成组串联和并联

练　习

1. 晶闸管的最大冲击电流允许多大? 超过了是否一定会坏?

2. 充电机采用单相半波、全波或三相可控整流电路是否可以? 若输出充电电流均为 15A,各应选用多大的熔体?

3. 晶闸管两端并接阻容吸收电路可起哪些保护作用?

4. 指出图 1-58 中①～⑦各保护元件及 D、LJ 的名称及作用。

5. 不用过电压、过电流保护,选用较高电压等级与较大电流等级的晶闸管行不行?

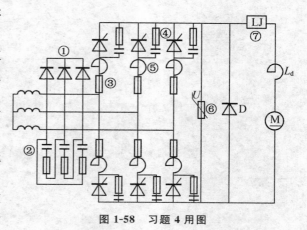

图 1-58　习题 4 用图

6. 充电机用单相桥式半控整流,如图 1-59 所示。若输出直流电流 $I_d = 15A$,导电角约为 $60°$,有效值与平均值之比约为 $2:1$,所有有效值电流均为 $30A$,试选熔断器 FU_1 和 FU_2。

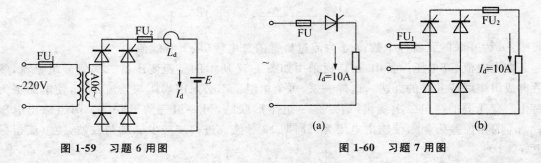

图 1-59　习题 6 用图　　　　　　　　图 1-60　习题 7 用图

7. 如图 1-60(a)所示为单相半波可控整流电路,已知负载电流 $I_d = 10A$,试选熔断器 FU;如图 1-60(b)所示为单相半控桥整流电路,已知负载电流 $I_d = 10A$,试选熔断器 FU_1 和 FU_2。

8. 如图 1-61 所示励磁机用三相半控整流桥供电,输出直流 $130A$,晶闸管导通角为 $90°$,试选熔断器 FU 及整定过电流继电器。

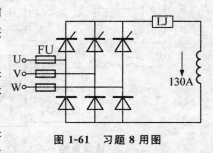

图 1-61　习题 8 用图

9. 晶闸管装置发生过电流的原因有哪些? 可以采用哪些过电流保护措施? 它们所起保护作用的先后次序是怎样的?

10. 晶闸管装置发生过电压的原因有哪些? 可以采用哪些过电压保护措施? 它们所起的保护作用的先后次序是怎样的?

11. 晶闸管装置产生 du/dt、di/dt 大的原因有哪些? 相应的保护措施有哪些?

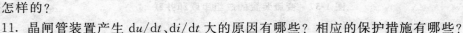

项目二 开关电源的应用与设计

本项目通过对两款生活中常用的开关电源的详细介绍,使学生掌握开关电源中的核心技术,即直流斩波变换技术。

模块一 三星手机充电器的分析

一、教学目标

1. 终极目标

掌握开关电源的相关知识,能成功制作简易的开关电源。

2. 促成目标

(1)了解线性电源和开关电源的区别。

(2)掌握相关开关器件的特性。

(3)掌握基本的直流斩波技术的工作原理。

(4)了解其他常用的直流斩波技术。

(5)能对一些简单的开关电源进行正确分析。

二、工作任务

1. 通过观察充电器实物,掌握充电器中 DC/DC 变换的原理,原理图见图 2-1。

2. 通过制作一个简易的开关电源巩固开关电源的相关知识,原理图见图 2-29。

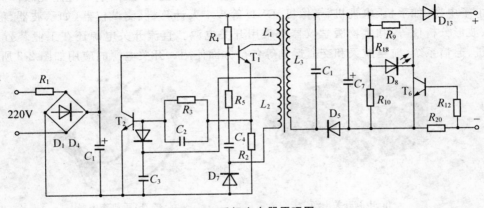

图 2-1 手机充电器原理图

三、相关实践知识

问题：模块一的充电器是如何工作的？

1. 充电器的工作过程

这是一种脉宽调制型充电电路，220V 交流电压经 R_1 限流，$D_1 \sim D_4$ 桥式整流，C_1 滤波得到 300V 左右的直流电压，此电压经主绕组 L_1 给开关管 T_1 集电极供电，经 R_4 给 T_1 偏置。刚加电压时，T_1 开始导通，L_1 产生感生电动势，反馈绕组 L_2 的感生电动势经反馈回路 C_4、R_6 加到开关管 T_1 的基极，构成正反馈，从而使 T_1 迅速进入饱和导通状态。此时 T_1 的发射极电流很大，电阻 R_2 上压降很大，此电压经 R_3 加到控制管 T_2 的基极，使其导通，T_1 基极电压降低，集电极电流减小，L_2 感生与前反向的负电压经 C_4、R_6 加到 T_1 基极，使开关管 T_1 迅速进入截止状态。就这样，开关管 T_1 不断导通截止，变压器 B 次级绕组 L_3 就可输出脉冲电压。改变 R_6、C_4 的值可改变脉冲宽度从而达到调节充电电压的目的。这一直流变直流的变换是充电器工作的核心过程。

不充电时，无负载，没有电流经过 R_{20}，T_6 截止，变色发光二极管 D_8 不亮。当接上负载时，绕组 L_3 的电压经 D_{13}、D_{14} 整流，C_7 滤波给负载供电，R_{20} 产生左负右正的电压，使 T_6 导通，发光管 D_8 导通发红光，指示开始充电。随着充电的进行，充电电流越来越小，当充满电时，流过 R_{20} 的电流变小，其上压降变小，T_6 导通程度降低，流过 D_8 电流变小，发绿光，表示充满电。

2. 开关电源的认识和应用

实际上，上述的充电器就是一个开关电源。开关电源是稳压电源的一种。常用的稳压电源除了开关稳压电源外还有线性稳压电源。线性稳压电源首先通过工频变压器将交流市电降低成低压交流电，通过整流、滤波、稳压后得到直流电。而开关电源则是会首先将交流电整流滤波得到高压直流电，再通过开磁稳压电路得到稳定的直流电。在家电上，如果交流电输入到设备后，首先接入一个变压器，基本上就可以肯定，该电源是线性电源；如果交流电接入的用电设备首先是整流滤波线路，那它一般就是开关电源了。

直流开关电源部分或全部具有以下特征：电源电压和负载在规定的范围内变化时，输出电压应保持在允许的范围内或按要求变化；输入与输出间有好的电气隔离；可以输出单路或多路电压，各路之间有电气隔离。

开关电源是近代普遍推广的稳压电源，相较于线性稳压电源而言，开关电源具有效率高、电压范围宽、输出电压相对稳定等特点，是电子设备的主流电源，现在应用比较广。现代家用电子电器（如手机、电视机、录像机、DVD 等）、个人计算机、测试仪器（如示波器、信号发生器、波形分析仪等）和生物医学仪器都采用开关电源。直流开关电源还在工业装置、大型计算机、通信系统、航空航天和交通运输等各个方面使用。开关电源的应用如图 2-2 所示。

(a) 电脑开关电源　　　　　　　　　　　　(b) 手机充电器

图 2-2　开关电源的应用

3. 开关稳压电源和线性串联稳压电源

如图 2-3 所示为线性串联稳压电源的原理图,简要说明如下。

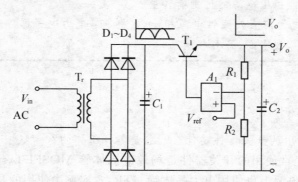

图 2-3 线性串联稳压电源原理图

这一电源大家应该比较熟悉,它的基本工作原理为市电经工频变压器 T_r 降压,通过 $D_1 \sim D_4$ 和 C_1 整流滤波为直流电压提供稳压器的供电电源,经 R_1、R_2、A_1 输出取样比较。A_1 输出的误差电压加至调整管 T_1 的基极,改变 T_1 的管压降。输出电压升高时,T_1 的管压降增大,使输出电压 V_o 重新恢复到原来的整定值。

模块一中充电器的工作过程可用图 2-4 所示的结构框图来表示。

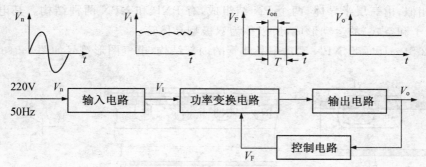

图 2-4 充电器原理框图

市电经过滤波,再由整流桥整流后变为高压直流电,然后通过功率开关管的导通与截止,将直流电压变成连续的脉冲,再经变压器隔离降压及输出滤波后变为低压的直流电。开关管的导通与截止由 PWM(脉冲宽度调制)控制电路发出的驱动信号控制。

PWM 驱动电路在提供开关管驱动信号的同时,还要实现输出电压稳定的调节,对电源负载提供保护。因此在复杂的开关电源(如电脑电源)中,还设有检测放大电路、过电流保护及过电压保护等环节。

功率变换电路实现了高压直流到低压直流变换,也称为直流斩波变换或 DC/DC 变换,是开关电源的核心技术。下面将重点介绍直流斩波变换技术的工作原理以及这一变换电路中所涉及的电力电子器件。

四、相关理论知识

1. 开关器件

☞ **问题**：模块一中所用的开关器件是什么？它是怎样工作的？

　　在开关电源中，经常使用的开关器件是场效应晶体管 MOSFET、绝缘栅双极型晶体管 IGBT；在小功率开关电源上也使用电力晶体管 GTR，本实例中使用的是 GTR。下面将分别介绍这三种常用的开关器件。

　　(1) 电力晶体管 GTR

　　1) 电力晶体管的结构和工作原理

　　① 基本结构

　　电力晶体管又称为大功率晶体管，是一种全控型器件。通常是指集电极最大允许耗散功率在 1W 以上，或最大集电极电流在 1A 以上的三极管。其结构和工作原理都和小功率晶体管非常相似，由三层半导体、两个 PN 结组成，有 PNP 和 NPN 两种结构。其电流由两种载流子(电子和空穴)的运动形成，所以称为双极型晶体管。

　　如图 2-5(a)所示是 NPN 型功率晶体管的内部结构，电气图形符号如图 2-5(c)所示。

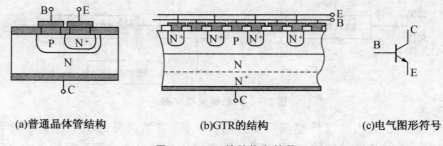

(a)普通晶体管结构　　　　　(b)GTR的结构　　　　　(c)电气图形符号

图 2-5　GTR 的结构和符号

　　一些常见电力晶体三极管的外形如图 2-6 所示。与晶闸管一样，电力晶体三极管的外形比较大，其外壳上都有安装孔或安装螺钉，便于将三极管安装在外加的散热器上。因为对电力三极管来讲，单靠外壳散热是远远不够的。例如，50W 的硅低频电力晶体三极管，如果不加散热器工作，其最大允许耗散功率仅为 2～3W。

　　② 工作原理

　　在电力电子技术中，GTR 主要工作在开关状态。晶体管通常连接成共发射极电路，NPN 型 GTR 通常工作在正偏($I_B>0$)时大电流导通；反偏($I_B<0$)时处于截止高电压状态。因此，给 GTR 的基极施加幅度足够大的脉冲驱动信号，它将工作于导通和截止的开关工作状态。

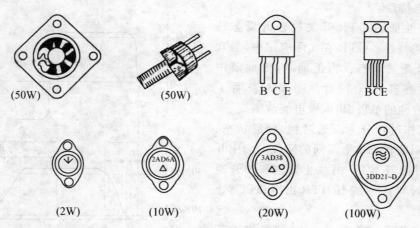

图 2-6　常见电力三极管外形

2）GTR 的特性与主要参数

① GTR 的基本特性

a. 静态特性

GTR 的静态特性可分为输入特性和输出特性。

输入特性如图 2-7（a）所示，它表示 U_{CE} 一定时，基极电流 I_B 与基极—发射极 U_{BE} 之间的函数关系，它与二极管 PN 结的正向伏安特性相似。当 U_{CE} 增大时，输入特性右移。一般情况下，GTR 的正向偏压 U_{BE} 大约为 1V。

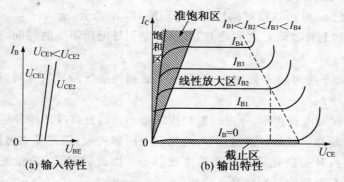

图 2-7　GTR 的输入、输出特性

共发射极接法时，GTR 的典型输出特性如图 2-7（b）所示，可分为 3 个工作区。

截止区：$I_B \leqslant 0$，$U_{BE} \leqslant 0$，$U_{BC} < 0$，集电极只有漏电流流过。

放大区：$I_B > 0$，$U_{BE} > 0$，$U_{BC} < 0$，$I_C = \beta I_B$。

饱和区：$I_B > \dfrac{I_{CS}}{\beta}$，$U_{BE} > 0$，$U_{BC} > 0$。$I_{CS}$ 是集电极饱和电流，其值由外电路决定。两个 PN 结都为正向偏置是饱和的特征。饱和时集电极、发射极间的管压降 U_{CES} 很小，相当于开关接通，这时尽管电流很大，但损耗并不大。GTR 刚进入饱和时为临界饱和，如果 I_B 继续增加，则为过饱和。用作开关时，应工作在深度饱和状态，这有利于降低 U_{CES} 和减小导通时的损耗。

b. 动态特性

动态特性描述 GTR 开关过程的瞬态性能，又称开关特性。GTR 在实际应用中，通常工作在频繁开关状态。为正确、有效地使用 GTR，应了解其开关特性。图 2-8 表明了 GTR 开关特性的基极、集电极电流波形。

整个工作过程分为开通过程、导通状态、关断过程、阻断状态 4 个不同的阶段。图中开通时间 t_{on} 对应着 GTR 由截止到饱和的开通过程，关断时间 t_{off} 对应着 GTR 由饱和到截止的关断过程。

GTR 的开通过程是从 t_0 时刻起注入基极驱动电流，这时并不能立刻产生集电极电流，过一小段时间后，集电极电流开始上升，

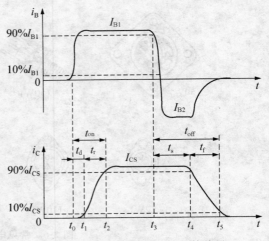

图 2-8　开关过程中 i_B 和 i_C 的波形

逐渐增至饱和电流值 I_{CS}。把 i_C 达到 $10\% I_{CS}$ 的时刻定为 t_1，达到 $90\% I_{CS}$ 的时刻定为 t_2，则把 t_0 到 t_1 这段时间称为延迟时间，以 t_d 表示；把 t_1 到 t_2 这段时间称为上升时间，以 t_r 表示。

要关断 GTR，通常给基极加一个负的电流脉冲。但集电极电流并不能立即减小，而要经过一段时间才能开始减小，再逐渐降为零。把 i_B 降为稳态值 I_{B1} 的 90% 的时刻定为 t_3，i_C 下降到 $90\% I_{CS}$ 的时刻定为 t_4，下降到 $10\% I_{CS}$ 的时刻定为 t_5，则把 t_3 到 t_4 这段时间称为储存时间，以 t_s 表示，把 t_4 到 t_5 这段时间称为下降时间，以 t_f 表示。

延迟时间 t_d 和上升时间 t_r 之和是 GTR 从关断到导通所需要的时间，称为开通时间，以 t_{on} 表示，则 $t_{on} = t_d + t_r$。

储存时间 t_s 和下降时间 t_f 之和是 GTR 从导通到关断所需要的时间，称为关断时间，以 t_{off} 表示，则 $t_{off} = t_s + t_f$。

GTR 在关断时漏电流很小，导通时饱和压降很小。因此，GTR 在导通和关断状态下损耗都很小，但在关断和导通的转换过程中，电流和电压都较大，随意开关过程中损耗也较大。当开关频率较高时，开关损耗是总损耗的主要部分。因此，缩短开通和关断时间对降低损耗、提高效率和运行可靠性很有意义。

② GTR 的参数

a. 集电极额定电压 U_{CEM}

加在 GTR 上的电压如超过规定值时，会出现电压击穿现象。击穿电压与 GTR 本身特性及外电路的接法有关。各种不同接法时的击穿电压的关系如下：

$$BU_{CBO} > BU_{CEX} > BU_{CES} > BU_{CER} > BU_{CEO}$$

其中，BU_{CBO} 为发射极开路，集电极与基极间的反向击穿电压；BU_{CEX} 为发射极反向偏置时集电极与发射极间的击穿电压；BU_{CES}、BU_{CER} 分别为发射极与基极间用电阻连接或短路连接时集电极和发射极间的击穿电压；BU_{CEO} 为基极开路时集电极和发射极间的击穿电压。GTR 的最高工作电压 U_{CEM} 应比最小击穿 BU_{CEO} 低，从而保证元件工作安全。

b. 集电极额定电流(最大允许电流)I_{CM}

集电极额定电流是取决于最高允许结温下引线、硅片等的破坏电流,超过这一额定值必将导致晶体管内部结构件的烧毁。因此,必须规定集电极最大允许电流值。通常规定共发射极电流放大系数下降到规定值的 $1/2 \sim 1/3$ 时,所对应的电流 I_C 为集电极最大允许电流,以 I_{CM} 表示。实际使用时还要留有较大安全裕量,一般只能用到 I_{CM} 值的一半或稍多些。

c. 集电极最大耗散功率 P_{CM}

集电极最大耗散功率是在最高工作温度下允许的耗散功率,用 P_{CM} 表示。它是 GTR 容量的重要标志。晶体管功耗的大小主要由集电极工作电压和工作电流的乘积来决定,它将转化为热能使晶体管升温,晶体管会因温度过高而损坏。实际使用时,集电极允许耗散功率和散热条件与工作环境温度有关。所以,在使用中应特别注意 I_C 不能过大,且散热条件要好。

d. 最高工作结温 T_{JM}

GTR 正常工作允许的最高结温,以 T_{JM} 表示。GTR 结温过高时,会导致热击穿而烧坏。

3) GTR 的二次击穿和安全工作区

① 二次击穿现象

二次击穿是 GTR 突然损坏的主要原因之一,成为影响其安全可靠使用的一个重要因素。二次击穿现象可以用图 2-9 来说明。当集电极电压 U_{CE} 增大到发射极间的击穿电压 U_{CEO} 时,集电极电流 I_C 将急剧增大,出现击穿现象,如图 2-9(a)所示的 AB 段。这是首次出现正常性质的雪崩现象,称为一次击穿,一般不会损坏 GTR 器件。一次击穿后如果继续增大外加电压 U_{CE},电流 I_C 将持续增长。当达到图示的 C 点时仍继续让 GTR 工作时,由于 U_{CE} 高,将产生相当大的能量,使集电结局部过热。当过热持续时间超过一定限度时,U_{CE} 会急剧下降至某一低电压值,如果没有限流措施,则将进入低电压、大电流的负阻区 CD 段,电流增长直至元件烧毁。这种向低电压、大电流状态的跃变称为二次击穿,C 点为二次击穿的临界点。所以二次击穿是在极短的时间内(纳秒至微秒级),能量在半导体处局部集中,形成热斑点,导致热电击穿的过程。

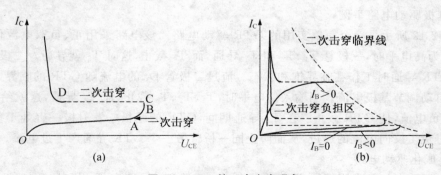

图 2-9 GTR 的二次击穿现象

二次击穿的持续时间在纳秒到微秒之间完成,由于管子的材料、工艺等因素的分散性,二次击穿难以计算和预测。防止二次击穿的办法有两种,一种是应使实际使用的工作电压比反向击穿电压低得多;另一种是必须有电压、电流缓冲保护措施。

② 安全工作区

以直流极限参数 I_{CM}、P_{CM}、U_{CEM} 构成的工作区为一次击穿工作区,如图 2-10 所示。以 U_{SB}(二次击穿电压)与 I_{SB}(二次击穿电流)组成的 P_{SB}(二次击穿功率)如图中虚线所示,它是一个不等功率曲线。以 3DD8E 晶体管测试数据为例,其 $P_{CM}=100W$,$BU_{CEO}\geqslant200V$,但由于受到击穿的限制,当 $U_{CE}=100V$ 时,P_{SB} 为 60W,$U_{CE}=200V$ 时 P_{SB} 仅为 28W。所以,为了防止二次击穿,要选用足够大功率的管子,实际使用的最高电压通常比管子的极限电压低很多。

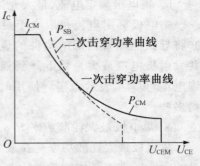

图 2-10　GTR 安全工作区

安全工作区是在一定的温度条件下得出的,例如环境温度 25℃ 或壳温 75℃ 等,使用时若超过上述指定温度值,允许功耗和二次击穿耐量都必须降额。

4) GTR 的驱动与保护

① GTR 基极驱动电路

a. 对基极驱动电路的要求

由于 GTR 主电路电压较高,控制电路电压较低,所以应实现主电路与控制电路间的电隔离。

在使 GTR 导通时,基极正向驱动电流应有足够陡的前沿,并有一定幅度的强制电流,以加速开通过程,减小开通损耗,如图 2-11 所示。

GTR 导通期间,在任何负载下,基极电流都应使 GTR 处在临界饱和状态,这样既可降低导通饱和压降,又可缩短关断时间。

图 2-11　GTR 基极驱动电流波形

在使 GTR 关断时,应向基极提供足够大的反向基极电流(见图 2-11 波形),以加快关断速度,减小关断损耗。

此外,基极驱动电路还应有较强的抗干扰能力,并有一定的保护功能。

b. 基极驱动电路举例

如图 2-12 所示是一个简单实用的 GTR 驱动电路。该电路采用正、负双电源供电。当输入信号为高电平时,三极管 T_1、T_2 和 T_3 导通,而 T_4 截止,这时 T_5 就导通。二极管 D_3 可以保证 GTR 导通时工作在临界饱和状态。流过二极管 D_3 的电流随 GTR 的临界饱和程度而改变,自动调节基极电流。当输入低电平时,T_1、T_2、T_3 截止,而 T_4 导通,这就给 GTR 的基极一个负电流,使 GTR 截止。在 T_4 导通期间,GTR 的基极—发射极一直处于负偏置状态,这就避免了反向电流的通过,从而防止同一桥臂另一个 GTR 导通产生过电流。

c. 集成化驱动电路

集成化驱动电路克服了一般电路元件多、电路复杂、稳定性差和使用不便的缺点,还增加了保护功能。如法国 THOMSON 公司为 GTR 专门设计的基极驱动芯片 UAA4002。采用此芯片可以简化基极驱动电路,提高基极驱动电路的集成度、可靠性、快速性。它把对 GTR 的完整保护和最优驱动结合起来,使 GTR 运行于自身可保护的准饱和最佳状态。

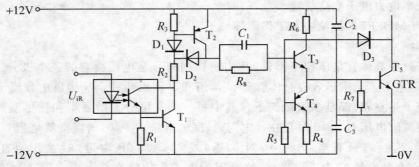

图 2-12　实用的 GTR 驱动电路

② GTR 的保护电路

为了使 GTR 在厂家规定的安全工作区内可靠地工作,必须对其采用必要的保护措施。而对 GTR 的保护相对来说比较复杂,因为它的开关频率较高,采用快熔保护是无效的。一般采用缓冲电路。主要有 RC 缓冲电路、充放电型 R-C-D 缓冲电路和阻止放电型 R-C-D 缓冲电路三种形式,如图 2-13 所示。

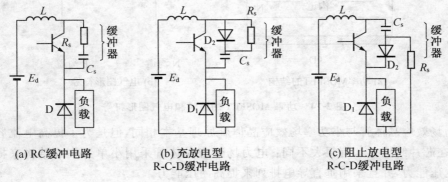

(a) RC 缓冲电路　　　(b) 充放电型　　　(c) 阻止放电型
　　　　　　　　　　　R-C-D 缓冲电路　　　R-C-D 缓冲电路

图 2-13　GTR 的缓冲电路

RC 缓冲电路简单,对关断时集电极—发射极间电压上升有抑制作用。这种电路只适用于小容量的 GTR(电流 10A 以下)。

充放电型 R-C-D 缓冲电路增加了缓冲二极管 D_2,可以用于大容量的 GTR。但它的损耗(在缓冲电路的电阻上产生)较大,不适合用于高频开关电路。

阻止放电型 R-C-D 缓冲电路,较常用于大容量 GTR 和高频开关电路的缓冲器。其最大优点是缓冲产生的损耗小。

为了使 GTR 正常可靠地工作,除采用缓冲电路之外,还应设计最佳驱动电路,并使 GTR 工作于准饱和状态。另外,采用电流检测环节,在故障时封锁 GTR 的控制脉冲,使其及时关断;在 GTR 系统中还会设置过压、欠压和过热保护单元,以保证 GTR 装置安全可靠地工作。

(2) 电力场效应晶体管 MOSFET

电力场效应晶体管(metal oxide semiconductor field effect transistor),简称 MOSFET,又称功率场效应管。与 GTR 相比,电力 MOSFET 具有开关速度快、损耗低、驱动电流小、无二次击穿现象等优点。它的缺点是电压还不能太高、电流容量也不能太大。所以目前只适用于小功率电力电子变流装置。

1）电力 MOSFET 的结构及工作原理

① 结构

电力场效应晶体管是压控型器件，其门极控制信号是电压。它的三个极分别是：栅极 G、源极 S、漏极 D。功率场效应晶体管有 N 沟道和 P 沟道两种。N 沟道中载流子是电子，P 沟道中载流子是空穴，都是多数载流子。其中每一类又可分为增强型和耗尽型两种。耗尽型就是当栅源间电压 $U_{GS}=0$ 时存在导电沟道，漏极电流 $I_D \neq 0$；增强型就是当 $U_{GS}=0$ 时没有导电沟道，$I_D=0$，只有当 $U_{GS}>0$（N 沟道）或 $U_{GS}<0$（P 沟道）时才开始有 I_D。功率 MOSFET 绝大多数是 N 沟道增强型，这是因为电子作用比空穴大得多。N 沟道和 P 沟道 MOSFET 的电气图形符号如图 2-14（b）所示。

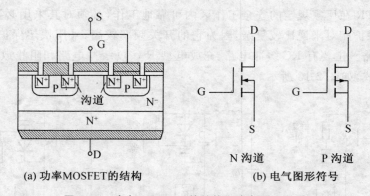

(a) 功率MOSFET的结构   (b) 电气图形符号

图 2-14　功率 MOSFET 的结构和电气图形符号

电力场效应晶体管与小功率场效应晶体管原理基本相同，但是为了提高电流容量和耐压能力，在芯片结构上却有很大不同：电力场效应晶体管采用小单元集成结构来提高电流容量和耐压能力，并且采用垂直导电排列来提高耐压能力。

几种常见的电力场效应晶体管的外形如图 2-15 所示。

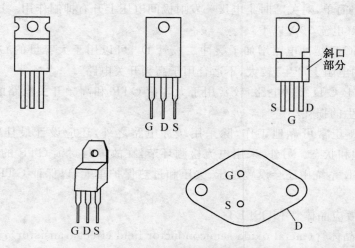

图 2-15　几种功率场效应晶体管的外形

② 工作原理

当 D、S 加正电压(漏极为正,源极为负),$U_{GS}=0$ 时,D、S 之间无电流通过;而当 U_{GS} 大于某一电压值 $U_{GS(th)}$ 时,形成漏极电流 i_D。电压 $U_{GS(th)}$ 称为开启电压,U_{GS} 超过 $U_{GS(th)}$ 越多,导电能力就越强,漏极电流 i_D 也越大。

2) 电力 MOSFET 的特性与参数

① 特性

a. 转移特性

当 $u_{GS}<U_{GS(th)}$ 时,i_D 近似为零;当 $u_{GS}>U_{GS(th)}$ 时,随着 u_{GS} 的增大,i_D 也越大。当 i_D 较大时,i_D 与 u_{GS} 的关系近似为线性,如图 2-16(a)所示。

b. 输出特性

从图 2-16(b)中可以看出,电力 MOSFET 有三个工作区:

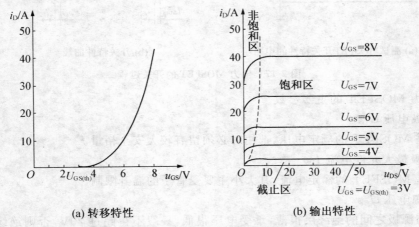

(a) 转移特性　　　　　　(b) 输出特性

图 2-16　电力 MOSFET 的转移特性和输出特性

截止区:$u_{GS}\leqslant U_{GS(th)}$,$i_D=0$,这和电力晶体管的截止区相对应。

饱和区:$u_{GS}>U_{GS(th)}$,$u_{DS}\geqslant u_{GS}-U_{GS(th)}$,当 u_{GS} 不变时,i_D 几乎不随 u_{DS} 的增加而增加,近似为一常数,故称为饱和区。这里的饱和区并不和电力晶体管的饱和区对应,而对应于后者的放大区。当用作线性放大时,MOSFET 工作在该区。

非饱和区:$u_{GS}>U_{GS(th)}$,$u_{DS}<u_{GS}-U_{GS(th)}$,漏源电压 u_{DS} 和漏极电流 i_D 之比近似为常数。该区对应于电力晶体管的饱和区。当 MOSFET 作开关应用而导通时即工作在该区。

c. 开关特性

如图 2-17(a)所示是用来测试 MOSFET 开关特性的电路。图中 u_S 为矩形脉冲电压信号源,波形如图 2-17(b)所示,R_S 为信号源内阻,R_G 为栅极电阻,R_L 为漏极负载电阻,R_F 用于检测漏极电流。MOSFET 的开关速度和其输入电容 C_{in} 的充放电有很大关系,在开关过程中 C_{in} 有充电或放电的过程。使用者虽然无法通过降低其栅极输入电容 C_{in} 值来改变开关速度,但可以降低栅极驱动回路信号源内阻 R_S 的值,从而减小栅极回路的充放电时间常数,加快开关速度。MOSFET 的工作频率可达 100kHz 以上。

MOSFET 是场控型器件,在静态时几乎不需要输入电流。但是在开关过程中需要对输入电容充放电,仍需要一定的驱动功率。开关频率越高,所需要的驱动功率越大。

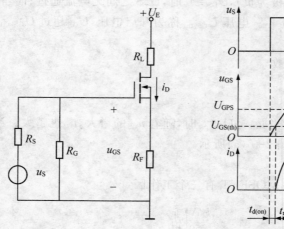

(a) 测试MOSFET开关特性的电路

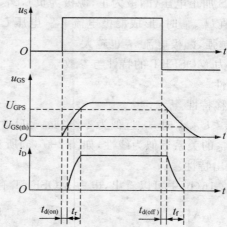

(b) 开关特性曲线

图 2-17   电力 MOSFET 的开关过程

② 电力 MOSFET 的主要参数

a. 漏极电压 U_{DS}

它就是 MOSFET 的额定电压,选用时必须留有较大安全裕量。

b. 漏极最大允许电流 I_{DM}

它就是 MOSFET 的额定电流,其大小主要受管子的温升限制。

c. 栅源电压 U_{GS}

栅极与源极之间的绝缘层很薄,承受电压很低,一般不得超过 20V,否则绝缘层可能被击穿而损坏,使用中应加以注意。

总之,为了安全可靠,在选用 MOSFET 时,对电压、电流的额定等级都应留有较大裕量。

3) 功率 MOSFET 的驱动

① 对栅极驱动电路的要求

能向栅极提供需要的栅压,以保证可靠开通和关断 MOSFET。减小驱动电路的输出电阻,以提高栅极充放电速度,从而提高 MOSFET 的开关速度。主电路与控制电路需要电的隔离。应具有较强的抗干扰能力,这是由于 MOSFET 通常工作频率高、输入电阻大、易受干扰的缘故。

理想的栅极控制电压波形,如图 2-18 所示。提高正栅压上升率可缩短开通时间,但也不宜过高,以免 MOSFET 开通瞬间承受过高的电流冲击。正负栅压幅值应要小于所规定的允许值。

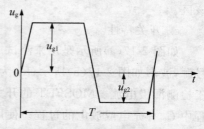

图 2-18   理想的栅极控制电压波形

② 栅极驱动电路举例

如图 2-19 所示是功率 MOSFET 的一种驱动电路,它由隔离电路与放大电路两部分组成。隔离电路的作用是将控制电路和功率电路隔离开来;放大电路是将控制信号进行功率放大后驱动功率 MOSFET,推挽输出级的目的是进行功率放大和降低驱动源内阻,以减小功率 MOSFET 的开关时间和降低其开关损耗。

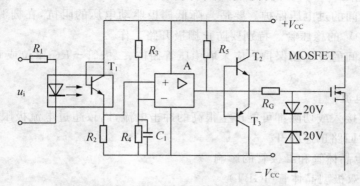

图 2-19　功率 MOSFET 的一种驱动电路

此驱动电路的工作原理是:当无控制信号输入时(u_i = "0"),放大器 A 输出低电平,V_3导通,输出负驱动电压,MOSFET 关断;当有控制信号输入时(u_i = "1"),放大器 A 输出高电平,V_2 导通,输出正驱动电压,MOSFET 导通。

实际应用中,功率 MOSFET 多采用集成驱动电路,如日本三菱公司专为 MOSFET 设计的专用集成驱动电路 M57918L,其输入电流幅值为 16mA,输出最大脉冲电流为 +2A 和 -3A,输出驱动电压为 +15V 和 -10V。

4) MOSFET 的保护电路

功率 MOSFET 的薄弱之处是栅极绝缘层易被击穿损坏。一般认为绝缘栅场效应管易受各种静电感应而击穿栅极绝缘层,实际上这种损坏的可能性还与器件的大小有关。管芯尺寸大,栅极输入电容也大,受静电电荷充电而使栅源间电压超过 ±20V 而击穿的可能性相对小些。此外,栅极输入电容可能经受多次静电电荷充电,电荷积累使栅极电压超过 ±20V 而击穿的可能性也是实际存在的。

为此,在使用时必须注意若干保护措施。

① 防止静电击穿

功率 MOSFET 的最大优点是具有极高的输入阻抗,因此在静电较强的场合难于泄放电荷,容易引起静电击穿。防止静电击穿应注意:

a. 在测试和接入电路之前,器件应存放在静电包装袋、导电材料或金属容器中,不能放在塑料盒或塑料袋中。取用时应拿管壳部分而不是引线部分。工作人员需通过腕带良好接地。

b. 将器件接入电路时,工作台和烙铁都必须良好接地,焊接时烙铁应断电。

c. 在测试器件时,测量仪器和工作台都必须良好接地。器件的三个电极未全部接入测试仪器或电路前,不要施加电压。改换测试范围时,电压和电流都必须先恢复到零。

d. 注意栅极电压不要过限。

② 防止偶然性振荡损坏器件

电力 MOSFET 与测试仪器、接插盒等的输入电容、输入电阻匹配不当时可能出现偶然性振荡,造成器件损坏。因此在用图示仪等仪器测试时,在器件的栅极端子处外接 $10\mathrm{k}\Omega$ 串联电阻,也可在栅极源极之间外接大约 $0.5\mu\mathrm{F}$ 的电容器。

③ 防止过电压

首先是栅源间的过电压保护。要适当降低栅极驱动电压的阻抗,在栅源之间并接阻尼电阻或并接约 $20\mathrm{V}$ 的稳压管。特别要防止栅极开路工作。

其次是漏源间的过电压保护。应采取稳压管钳位、二极管—RC 钳位或 RC 抑制电路等保护措施。

④ 防止过电流

若干负载的接入或切除都可能产生很高的冲击电流,以致超过电流极限值,此时必须用控制电路使器件回路迅速断开。

⑤ 消除寄生晶体管和二极管的影响

(3) 绝缘栅双极型晶体管(IGBT)

1) 基本结构与工作原理

① 基本结构

绝缘栅双极型晶体管(isolated gate bipolar transistor,IGBT),是三端器件,它的三个极分别为集电极(C)、栅极(G)和发射极(E)。IGBT 相当于一个用 MOSFET 驱动的厚基区 PNP 晶体管。仔细观察发现其内部实际上包含了两个双极型晶体管 $\mathrm{P^+NP}$ 及 $\mathrm{N^+PN}$,它们又组合成了一个等效的晶闸管。这个等效晶闸管将在 IGBT 器件使用中引起一种"擎住效应",会影响 IGBT 的安全使用。IGBT 的结构和符号如图 2-20 所示,其中 R_{br} 为 GTR 基区内的调制电阻。

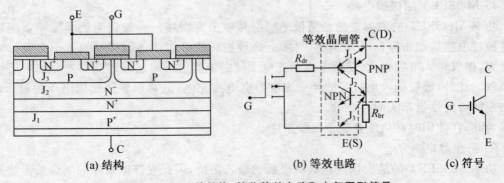

图 2-20　IGBT 的结构、简化等效电路和电气图形符号

② 工作原理

IGBT 的驱动原理与电力 MOSFET 基本相同,它是一种压控型器件。

开通原理:当 u_{GE} 为正且大于开启电压 $U_{\mathrm{GE(th)}}$ 时,MOSFET 内形成沟道,并为晶体管提供基极电流使其导通。

关断原理:当栅极与发射极之间加反向电压或不加电压时,MOSFET 内的沟道消失,晶体管无基极电流,IGBT 关断。

2) 基本特性与主要参数

① 基本特性

a. 静态特性:与电力 MOSFET 相似,开启电压随温度升高而略下降,温度升高 $1\,\degree\mathrm{C}$,其值下降 $5\mathrm{mV}$ 左右。在 $+25\,\degree\mathrm{C}$ 时,$U_{\mathrm{GE(th)}}$ 的值一般为 $2\sim6\mathrm{V}$。

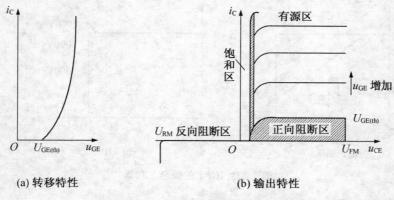

(a) 转移特性　　　　　　　　　(b) 输出特性

图 2-21　IGBT 的转移特性和输出特性

IGBT 的输出特性与 GTR 的输出特性相似,分为三个区域:正向阻断区、有源区和饱和区,如图 2-21(b)所示。这分别与 GTR 的截止区、放大区和饱和区相对应。此外,当 $u_{CE}<0$ 时,IGBT 为反向阻断工作状态。在电力电子电路中,IGBT 工作在开关状态,因而是在正向阻断区和饱和区之间来回转换。

b. 动态特性:IGBT 的开通过程与电力 MOSFET 的开通过程很相似,IGBT 的开关速度要低于电力 MOSFET。其开关特性如图 2-22 所示。

② 主要参数

最大集电极—发射极间电压 U_{CEM}、栅极—发射极额定电压 U_{GEM}、额定集电极电流 I_{CM} 等。

3) IGBT 的擎住效应和安全工作区

擎住效应:如前所述,在 IGBT 管内存在一个由两个晶体管构成的寄生晶闸管,它会出现电流失控的现象,就像普通晶闸管被触发以后,即使撤销触发信号,晶闸管仍然因进入正反馈过程而维持导通的机理一样,因此被称为擎住效应或自锁效应。

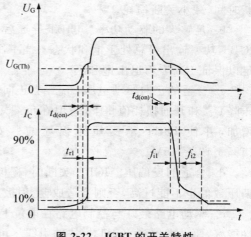

图 2-22　IGBT 的开关特性

引发擎住效应的原因:可能是集电极电流过大(静态擎住效应),也可能是最大允许电压上升率 dU_{CE}/dt 过大(动态擎住效应),温度升高也会加重发生擎住效应的危险。

动态擎住效应比静态擎住效应所允许的集电极电流小,因此所允许的最大集电极电流实际上是根据动态擎住效应而确定的。

IGBT 在导通工作状态的参数极限范围,即为正向偏置安全工作电压(FBSOA);根据最大集电极电流、最大集射极间电压和最大允许电压上升率可以确定 IGBT 在阻断工作状态下的参数极限范围,即反向偏置安全工作电压(RBSOA),如图 2-23 所示。

注意:IGBT 往往与反并联的快速二极管封装在一起制成模块,成为逆导器件,选用时应加以注意。

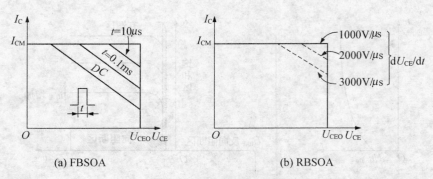

(a) FBSOA　　　　　　　　　　　　　(b) RBSOA

图 2-23　IGBT 的安全工作区

4）IGBT 的驱动和保护

① 对驱动电路的要求

a. 充分陡的脉冲上升沿和下降沿。在 IGBT 开通时，前沿很陡的门极电压加到栅极和发射极间，可使 IGBT 快速开通，从而减小开通损耗；在 IGBT 关断时，驱动电路提供下降沿很陡的关断电压，并在栅极和发射极之间加一适当的反向偏压，使 IGBT 快速关断，缩短关断时间，减小关断损耗。

b. 足够大的驱动功率。IGBT 导通后，驱动电路的驱动电压和电流要有足够的幅值，使 IGBT 功率输出级总处于饱和状态。当 IGBT 瞬时过载时，栅极驱动电路提供的驱动功率要足以保证 IGBT 不退出饱和区。

c. 合适的正向驱动电压 U_{GE}。当正向驱动电压 U_{GE} 增加时，IGBT 输出级晶体管的导通压降 U_{CE} 和开通损耗值将下降；但在负载短路过程中，IGBT 的集电极电流也随 U_{GE} 增加而增加，并使 IGBT 承受短路损坏的脉宽变窄。因此，U_{GE} 要选合适的值，一般可取 $(1\%\pm10\%)15V$。

d. 合适的反偏压。IGBT 关断时，栅极和发射极间加反偏压可使 IGBT 快速关断，但反偏压数值也不能过高，否则会造成栅、射极反向击穿。反偏压的一般范围为 $-2\sim-10V$。

e. 驱动电路最好与控制电路在电位上隔离。要求驱动电路有完整的保护功能，抗干扰性能好，驱动电路到 IGBT 模块的引线尽可能短，最好小于 1m，且采用绞线或同轴电缆屏蔽线，以免引起干扰。

② IGBT 驱动电路举例

多采用专用的混合集成驱动器。常用的有三菱公司的 M579 系列（如 M57962L 和 M57959L）和富士公司的 EXB 系列（如 EXB840、EXB841、EXB850 和 EXB851），内部具有退饱和检测和保护环节，当发生过电流时能快速响应但慢速关断 IGBT，并向外部电路给出故障信号。

M57962L 输出的正驱动电压均为 +15V 左右，负驱动电压为 -10V。M57962L 型 IGBT 驱动器的原理和接线图如图 2-24 所示。

③ IGBT 保护

IGBT 的保护措施有：

a. 通过检测过电流信号来切断栅极控制信号，关断器件，实现过流保护。

b. 采用吸收电路抑制过电压、限制过大的重加电压上升率 dU_{CE}/dt。

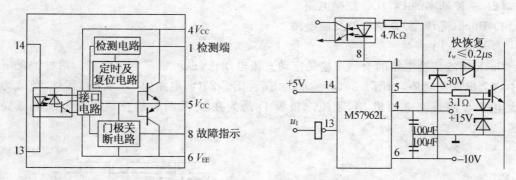

图 2-24　M57962L 型 IGBT 驱动器的原理和接线图

c. 用温度传感器检测 IGBT 的壳温,过热时使主电路跳闸保护。

d. IGBT 使用中必须避免出现擎住现象。

2. 直流斩波变换电路(DC/DC 变换电路)

　问题:模块一中的开关器件是如何来实现 DC/DC 的变换?

　　前面已经提到直流斩波变换电路是开关电源电路的核心。顾名思义,DC/DC 变换电路就是将直流斩波变换成固定的或可调的直流电压。DC/DC 变换电路除了广泛应用于开关电源外,还应用于无轨电车、地铁列车、蓄电池供电的机车车辆的无级变速以及 20 世纪80 年代兴起的电动汽车的调速及控制等。下面将介绍几种常用的直流斩波变换电路。

　　(1) 直流斩波器的工作原理

　　最基本的直流斩波电路如图 2-25(a)所示,负载为纯电阻 R。当开关 S 闭合时,负载电压 $u_o = E$,持续时间为 t_{on};当开关 S 断开时,负载上电压 $u_o = 0V$,持续时间为 t_{off}。则 $T = t_{on} + t_{off}$ 为斩波电路的工作周期,斩波器的输出电压波形如图 2-25(b)所示。若定义斩波器的占空比 $k = \dfrac{t_{on}}{T}$,则由波形图上可得输出电压:

$$U_o = \frac{t_{on}}{t_{on} + t_{off}} E = \frac{t_{on}}{T} E = kE$$

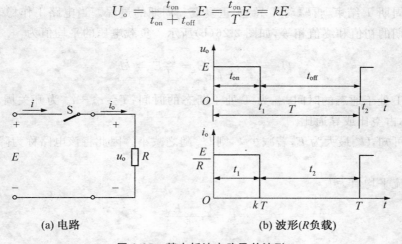

(a) 电路　　　　　　　　(b) 波形(R负载)

图 2-25　基本斩波电路及其波形

　　从公式上看,只要调节 k,就可调节负载的平均电压,这也是在开关电源电路中常用的控制方式。

（2）三种基本的 DC/DC 变换电路

1）Buck（降压型）直流斩波变换电路

① 电路应用

Buck 斩波变换电路的典型用途是拖动直流电动机，也可带蓄电池负载。两种情况下负载中均会出现反电势，如图 2-26(a)所示的 E_M。图 2-26(a)电路中，T 为全控器件，负载为串有大电感 L 的直流电动机 M，续流二极管 D 是为在 T 关断时给负载中的电感电流提供通道。

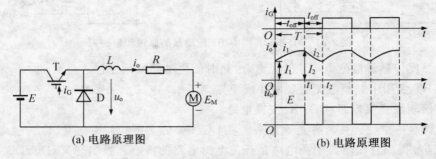

(a) 电路原理图   (b) 电路原理图

图 2-26   降压式直流斩波变换电路的原理图及工作波形

如图 2-26 所示为 Buck 斩波变换电路原理图及工作波形图。

② 工作原理分析

a. T 导通→负载电流 i_o↑→D 反向截止；T 关断→D 续流→i_o↓（一周期后重复上一周期过程）。

即当 T 导通时，E 向负载供电，负载电压 $u_o=E$，由于大电感 L 的储能作用，负载电流 i_o 按指数曲线上升，此时续流二极管 D 反向不导通；当 T 关断时，大电感 L 的储能使负载电流 i_o 经 D 续流，负载电压 u_o 近似为零，负载电流 i_o 呈指数曲线下降。为了使负载电流连续且脉动小，通常串接 L 值较大的电感。

至一个周期 T 结束，再驱动 T 导通，重复上一周期的过程。当电路工作稳态时，负载电流在一个周期的初值和终值相等，如图 2-26(b)所示。负载电压的平均值为

$$U_o = \frac{t_{on}}{t_{on} + t_{off}}E = \frac{t_{on}}{T}E = kE$$

式中：t_{on} 为 T 处于通态的时间；t_{off} 为 T 处于断态的时间；$T = t_{on} + t_{off}$ 为开关周期；k 为导通占空比，简称占空比或导通比。

由此式可知，U_o 最大为 E，若减少 k，则 U_o 随之减小。因此将该电路称为降压式直流斩波变换电路。

负载电流平均值为

$$I_o = \frac{U_o - E_M}{R}$$

注：若 L 值较小，则在 T 关断后至再次导通前，可能会出现负载电流衰减到零，即负载电流断续的情况。一般不希望出现电流断续的情况。

b. 从能量传递关系进行分析：若假设 L 为无穷大，则可认为 I_o 维持不变，电源只在 T

处于通态时提供能量,为 $EI_\text{o}t_\text{on}$。从负载看,在整个周期 T 中负载一直在消耗能量,消耗的能量为 $(RI_\text{o}^2T+E_MI_\text{o}T)$。一个周期中,忽略电路中的损耗,则电源提供的能量与负载消耗的能量相等,即

$$EI_\text{o}t_\text{on} = RI_\text{o}^2T + E_MI_\text{o}T$$

则

$$I_\text{o} = \frac{kE - E_M}{R}$$

假设电源电流平均值为 I_1,则有

$$I_1 = \frac{t_\text{on}}{T}I_\text{o} = kI_\text{o}$$

其值小于或等于负载电流 I_o,由上式可得

$$EI_1 = kEI_\text{o} = U_\text{o}I_\text{o}$$

即输出功率等于输入功率,可将降压式斩波器看做是直流降压变压器。

2) 升压式直流斩波变换电路(Boost 电路)

升压式直流斩波变换电路(Boost 电路)常用于直流电动机的再生制动,也用于单相功率因数校正电路及其他直流电源中。其原理图及工作波形如图 2-27 所示。

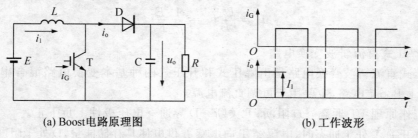

(a) Boost电路原理图   (b) 工作波形

图 2-27 升压式直流斩波变换电路的原理图及工作波形

① Boost 电路的工作原理

电路工作原理:T 通态→D 反向阻断→I_1 恒定(u_o 为恒值);T 断态→电压极性变反→D 正向导通。

假设电路中 L、C 值很大,当 T 处于通态时,D 处于反向阻断状态,E 向 L 充电,电流 I_1 基本恒定,同时 C 向 R 供电。因 C 值很大,输出电压 u_o 基本为恒值,设通态的时间为 t_on,电感 L 上积蓄的能量为 EI_1t_on。当 T 处于断态时,L 积蓄的能量释放,电压极性变反,E 和 L 的电压使 D 正向导通。设 T 断态的时间为 t_off,电感 L 释放的能量为 $(U_\text{o}-E)I_1t_\text{off}$。当电路处于稳态时,一个周期 T 中电感 L 积蓄的能量与释放的能量相等,即

$$EI_1t_\text{on} = (U_\text{o} - E)I_1t_\text{off}$$

化简得

$$U_\text{o} = \frac{t_\text{on} - t_\text{off}}{t_\text{off}}E = \frac{T}{t_\text{off}}E$$

式中:$T/t_\text{off} \geqslant 1$,输出电压 U_o 高于输入的电源电压 E,故称该电路为升压直流斩波变换电路。

注：T/t_{off} 表示升压比，调节其大小，即可改变输出电压 U_{o} 的大小。若将升压比的倒数记为 β，即 $\beta = t_{\text{off}}/T$，则 β 和降压式直流斩波变换电路中的导通占空比 k 有如下关系：

$$k + \beta = 1$$

因此，U_{o} 还可表示为

$$U_{\text{o}} = \frac{1}{\beta}E = \frac{1}{1-k}E$$

Boost 电路能使输出电压高于输入电压的原因：L 储能以后具有使电压上升的作用；电容 C 可将输出电压保持住。

如果忽略电路损耗，则由电源提供的能量仅由负载 R 消耗，即

$$EI_1 = U_{\text{o}}I_{\text{o}}$$

该式表明，与降压式直流斩波变换电路一样，升压式直流斩波变换电路也可看成是直流变压器。

根据电路结构，可得输出电流平均值 I_{o} 为

$$I_{\text{o}} = \frac{U_{\text{o}}}{R} = \frac{1}{\beta}\frac{E}{R}$$

从而可得电源电流 I_1 为

$$I_1 = \frac{U_{\text{o}}}{E}I_{\text{o}} = \frac{1}{\beta^2}\frac{E}{R}$$

3）升降压式直流斩波变换电路

升降压式直流斩波变换电路是由降压式和升压式两种基本变换电路混合串联而成的，也称为 Buck-Boost 电路，主要用于可调直流电源。

电路工作原理：T 通态→D 阻断；T 关断→D 导通→电压极性上负下正。

当斩波开关 T 处于通态时，电源经 T 向电感 L 供电使其存储能量，D 处于阻断状态，此时电流 i_1 方向如图 2-28(a) 所示。当 T 关断时，D 导通，电感 L 存储的能量向电容 C 和 R 释放。可见，负载电压极性为上负下正，与电源电压极性相反，与前面介绍的降压直流斩波变换电路和升压直流斩波变换电路的情况正好相反，因此该电路称为反极性直流斩波变换电路。

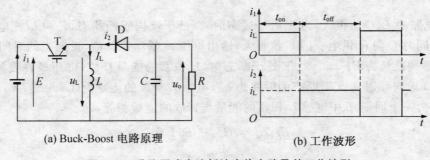

(a) Buck-Boost 电路原理   (b) 工作波形

图 2-28 升降压式直流斩波变换电路及其工作波形

稳态时，一个周期 T 内电感 L 两端电压 u_L 的平均值为零，即当 T 处于通态期间时，$u_L = E$；而当 T 处于断态期间时，$u_L = -u_{\text{o}}$。于是

$$Et_{\text{on}} = U_{\text{o}}t_{\text{off}}$$

所以输出电压为

$$U_{o} = \frac{t_{on}}{t_{off}}E = \frac{t_{on}}{T - t_{on}}E = \frac{k}{1-k}E$$

若改变占空比 k，则输出电压既可以比电源电压高，也可以比电源电压低。当 $0 < k < \frac{1}{2}$ 时为降压，当 $\frac{1}{2} < k < 1$ 时为升压，因此将该电路称作升降压直流斩波变换电路。

图 2-28（b）中给出了电源电流 i_1 和负载电流 i_2 的波形，设两者的平均值分别为 I_1 和 I_2，当电流脉动足够小时，有

$$\frac{I_1}{I_2} = \frac{t_{on}}{t_{off}}$$

由上式可得

$$I_2 = \frac{t_{off}}{t_{on}}I_1 = \frac{1-k}{k}I_1$$

如果 T、D 为没有损耗的理想开关，则

$$EI_1 = U_{o}I_2$$

其输出功率与输入功率相等，可将其看作直流变压器。

3. 开关电源的应用举例

电路图如图 2-29 所示，这是一种低成本无变压器开关型电源。该开关型电源的输出直流电压 $V_0 = 12V$，最大负载电流 $I = 100mA$。

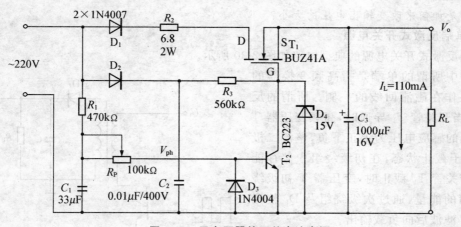

图 2-29　无变压器的开关直流电源

1）电路工作原理

从之前的学习中我们已经了解到任何的开关电源都必须包含功率开关管和驱动开关管工作控制电路。在图 2-29 中，可看出 MOSFET（T_1）和开关晶体管 T 构成了功率变换电路，R_1、R_P、C_2 组成脉宽调制控制电路，为开关管提供驱动信号。这个电路的具体工作过程如下：

220V 的交流电压经 D_2 半波整流和电容 C_2 滤波，为功率开关管 MOSFET（T_1）的栅极和开关晶体管 T_2 的集电极提供直流工作电压。R_1、R_P 与电容 C_1 组成 RC 移相网络。D_3 是

为电容 C_1 对地充、放电而设置的。功率开关 MOSFET 的导通与关断,受小信号晶体管 T_2 的控制。在输入交流电压 V_{ac} 的正半周,通过 R_1、R_P 使 T_2 导通。在 T_2 导通期间,T_1 关断。反之,在 T_2 截止时,T_1 饱和导通。二极管 D_1 的作用是确保 T_1 只在 V_{ac} 的正半周的初始阶段导通,形成针状脉冲电流对大容量滤波电容 C_3 充电。RC 移相网络产生一个移相电压 V_{ph},而且该电压以输入交流电压 V_{ac} 跨零交叉点为起点,移相电压 V_{ph} 只要达到 D_2 的门限电压,T_2 则开启导通,从而使 T_1 截止,于是对电容 C_3 的充电终止。T_2 关断于工频市电过零交叉点之后。由于 T_1 的漏极串接一只整流二极管 D_1,故在 V_{ac} 负半周不可能对 C_3 充电。尽管在 T_1 导通时产生的针状脉冲电流宽度很窄,也就是说对 C_3 的充电时间很短,但由于 C_3 的容量非常之大,放电时间常数也就很大,C_3 上的电压因放电刚开始下降或下降不多的情况下,T_1 再次导通,又开始对 C_3 充电。因此,在 C_3 两端可产生比较平滑的直流输出电压 V_o。

2) 注意事项

在 VT_1 漏极上串联的电阻 R_2,其阻值一般为 $0.1R_L$。其作用是用作减小充电电流峰值,并可延长功率开关 MOSFET 的导通时间。该无变压器电源在空载时输出电压最高。本电源只适合于对电压稳定度要求不高的场合。在负载变化比较大的情况下,可在其输出端设计稳压电路。

此类工频市电直接供电的无电源变压器离线式稳压电源由于体积小、线路简单、成本低,故在很多领域已得到较广泛的应用;但由于这种无变压器电源与市电直接连接,没有隔离,因此要注意安全,防止触电。

五、拓展知识

问题:除了前面提到的三种基本的直流斩波电路,是否还有其他形式的直流斩波电路?模块一中是如何来改变输出电压的大小?

1. 单端反激式开关电源

单端反激式开关电源的典型电路如图 2-30 所示。

电路中所谓的单端是指高频变换器的磁芯仅工作在磁滞回线的一侧。所谓的反激,是指当开关管 T_1 导通时,高频变压器 T 初级绕组的感应电压为上正下负,整流二极管 D_1 处于截止状态,在初级绕组中储存能量。当开关管 T_1 截止时,变压器 T 初级绕组中存储的能量,通过次级绕组及 D_1 整流和电容 C 滤波后向负载输出。

单端反激式开关电源是一种成本最低的电源电路,输出功率为 $20 \sim 100W$,可以同时输出不同的电压,且有较好的电压调整率。唯一的缺点是输出的纹波电压较大,外特性差,仅适用于相对固定的负载。

单端反激式开关电源使用的开关管 T_1 承受的最大反向电压是电路工作电压值的两倍,工作频率在 $20 \sim 200kHz$。

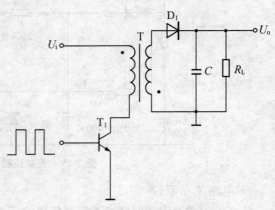

图 2-30 单端反激式开关电源

2. 单端正激式开关电源

单端正激式开关电源的典型电路如图 2-31 所示。

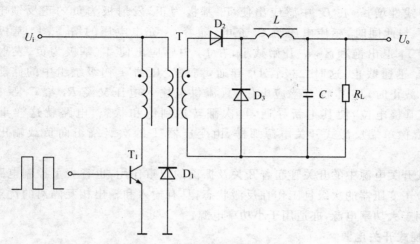

图 2-31　单端正激式开关电源

这种电路在形式上与单端反激式电路相似,但工作情形不同。当开关管 T_1 导通时,D_2 也导通,这时电网向负载传送能量,滤波电感 L 储存能量;当开关管 T_1 截止时,电感 L 通过续流二极管 D_3 继续向负载释放能量。

在电路中还设有钳位线圈与二极管 D_2,它可以将开关管 T_1 的最高电压限制在两倍电源电压之间。为满足磁芯复位条件,即磁通建立和复位时间应相等,所以电路中脉冲的占空比不能大于 50%。

由于这种电路在开关管 T_1 导通时,通过变压器向负载传送能量,所以输出功率范围大,可输出 50～200W 的功率。电路使用的变压器结构复杂,体积也较大,正因为这个原因,这种电路的实际应用较少。

3. 自激式开关稳压电源

自激式开关稳压电源的典型电路如图 2-32 所示。

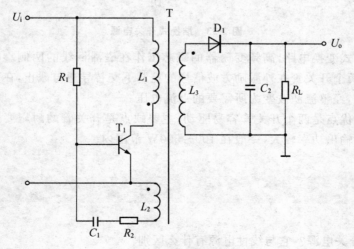

图 2-32　自激式开关电源

这是一种利用间歇振荡电路组成的开关电源,也是目前广泛使用的基本电源之一。

当接入电源后,在 R_1 处给开关管 T_1 提供启动电流,使 T_1 开始导通,其集电极电流 I_C 在 L_1 中线性增长,在 L_2 中感应出使 T_1 基极为正,发射极为负的正反馈电压,使 T_1 很快饱和。与此同时,感应电压给 C_1 充电,随着 C_1 充电电压的增高,T_1 基极电位逐渐变低,致使 T_1 退出饱和区,I_C 开始减小,在 L_2 中感应出使 T_1 基极为负、发射极为正的电压,使 T_1 迅速截止,这时二极管 D_1 导通,高频变压器 T 初级绕组中的储能释放给负载。在 T_1 截止时,L_2 中没有感应电压,直流供电输入电压又经 R_1 给 C_1 反向充电,逐渐提高 T_1 基极电位,使其重新导通,再次翻转达到饱和状态,电路就这样重复振荡下去。这里就像单端反激式开关电源那样,由变压器 T 的次级绕组向负载输出所需要的电压。

自激式开关电源中的开关管起着开关及振荡的双重作用,也省去了控制电路。电路中由于负载位于变压器的次级且工作在反激状态,具有输入和输出相互隔离的优点。这种电路不仅适用于大功率电源,亦适用于小功率电源。

4. 推挽式开关电源

推挽式开关电源的典型电路如图 2-33 所示。

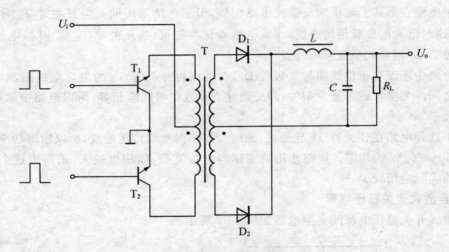

图 2-33　推挽式开关电源

它属于双端式变换电路,高频变压器的磁芯工作在磁滞回线的两侧。电路使用两个开关管 T_1 和 T_2,两个开关管在外激励方波信号的控制下交替导通与截止,在变压器 T 次级统组得到方波电压,经整流滤波变为所需要的直流电压。

这种电路的优点是两个开关管容易驱动,主要缺点是开关管的耐压要达到两倍电路峰值电压。电路的输出功率较大,一般在 $100\sim500\,\mathrm{W}$ 范围内。

练　习

1. 什么是开关电源?它与线性电源有什么区别?

2. 在 DC/DC 变换电路中所使用的元器件有哪几种? 有何特殊要求?

3. 什么是 GTR 的二次击穿? 有什么后果?

4. 说明 MOSFET 的开通和关断原理及其优缺点。

5. 使用电力场效应晶体管时要注意哪些保护措施?

6. 根据表 2-1 中各栏目要求,根据直流斩波变换电路形式将有关参量表达式填入表中。

表 2-1　直流斩波变换电路形式将有关参量表达式

直流斩波变换电路形式	占空比(k)	输出电压与输入电压之比(U_o/E)
降压式		
升压式		
升降压式		

7. 画出降压斩波电路原理图并简述其工作原理。

8. 画出升压斩波电路原理图并简述其基本工作原理。

9. 如图 2-34 所示,设电感 L 中电流为 i_L。当功率开关器件 T 导通瞬间,流过 T 中的电流是否就是 i_L? 为什么?

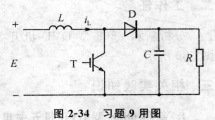

图 2-34　习题 9 用图

10. 图 2-26(a)所示的斩波电路中,$E=220\text{V}$,$R=10\Omega$,L、C 足够大,当要求 $U_o=400\text{V}$ 时,占空比 k 如何取值?

11. 在图 2-27(a)所示斩波电路中,已知 $E=50\text{V}$,$R=20\Omega$,L、C 足够大,采用脉宽控制方式,当 $T=40\mu s$,$t_{on}=25\mu s$ 时,计算输出电压平均值 U_o 和输出电流平均值 I_o。

12. 如图 2-35 所示降压斩波电路,T 在 $t=0$ 时导通,$t=t_1$ 时断开,$t=t_1+t_2$ 时又导通,以后重复上述过程,试完成下列要求:

(1) 求输出电压的平均值 U_o。

(2) 求斩波器的输入功率 P_i。

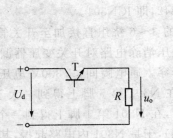
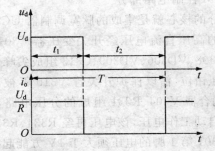

图 2-35　习题 12 用图

模块二　DVD机开关电源的分析

一、教学目标

1. 终极目标

熟悉 DVD 机开关电源的典型故障现象及检修方法。

2. 促成目标

（1）掌握 PWM 调制方式的工作原理。

（2）熟悉常用的集成脉宽调制器的内部结构和接线方式。

（3）了解 DVD 机开关电源的工作过程。

二、工作任务

分析新科 6868 型 DVD 机开关电源的工作原理及典型故障和检修方法，原理图如图 2-36 所示。

三、相关实践知识

1. 新科 6868 型 DVD 机开关电源工作过程

如图 2-36 所示是新科 6868 型 DVD 机开关电源电路，是他激式并联型开关稳压电源，主要由交流输入与整流滤波、他激开关振荡、稳压调控及自动保护电路等部分组成。

它的工作过程如下：

（1）输入电路部分

220V 交流市电通过保险管 F301 后进入由 C320、L301、L302、C323、C322、C325 组成的抗干扰电路，一方面使电网中产生的干扰脉冲不能进入开关电源电路，另一方面也抑制开关电源产生的高频干扰污染市电。经抗干扰处理后的 220V 市电由 VD301～VD304 整流后，在 C307 两端得到约 300V 的高压直流电压。

（2）PWM 控制电路部分

这一部分的核心就是集成的脉宽调制器 UC3842，即 ICN301。

整流后的高压直流电压经开关变压器 T301 的 3～6 绕组直接加至开关管 V301 的漏极。R335、C308、VD306、VD309、C313 组成尖峰电压消除电路对开关变压器漏感所产生的高频尖峰电压钳位，借以保护开关管 V310 不被击穿。通电瞬间，＋300V 电压经由 R326、R330、光电耦合器 V304、R331 组成的分压电路，在 N301 第 7 脚上得到一大于 16V、小于 34V 的直流启动工作电压，该电压再经 R334、R301，在 N301 第 1 脚上得到一个大于 1V 的启动电压（N301 第 1 脚的电压须大于 1V 方能起振），于是 N301 内电路起振，其 6 脚输出方波脉冲控制 V310 的栅极，完成开关电源的启动过程。

与此同时，开关变压器 T301 的 1～2 绕组产生的自感脉冲电压经 VD305 整流、C309 滤波后得到约 16V 左右的直流电压，直接加至 N301 的第 7 脚作为工作电压；另一路经电阻 R330 后加至光电耦合器 V304 接收二极管正端，与后级电路组成输出电压的自动调节电路。

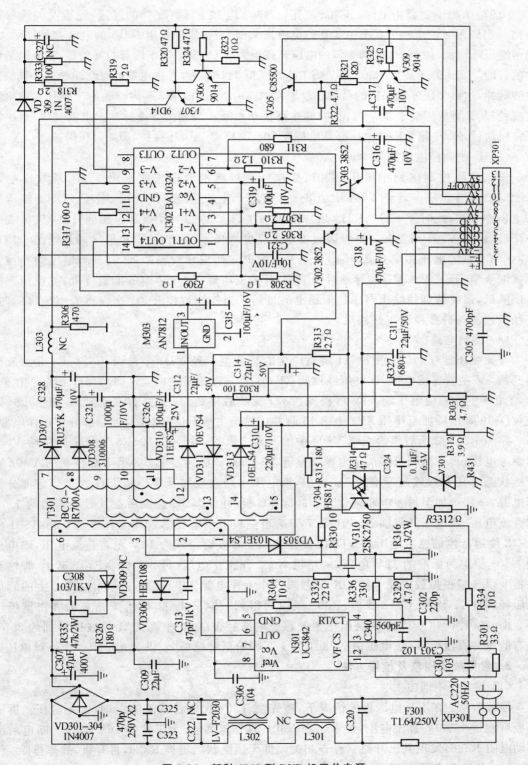

图 2-36 新科 6868 型 DVD 机开关电源

N301的振荡频率主要由R304、C302决定。N302内部还具有完善的过流、过压及欠压保护电路。当外因致使流经开关管V310的电流增大时,过流取样电阻R316的电流亦相应增大,其两端压降增加,加至N301第3脚的电压升高至大于1V时,N301内部自动停振,达到过流保护的目的。当由外因致使N301第7脚工作电压低于10V时,其内电路可自动切断其6脚输出方波脉冲,达到欠压停机保护的目的。过压保护亦由N301内第7脚内设的34V电压检测电路完成,当其7脚电压高于34V时,其内部亦可自动切断6脚输出方波脉冲。也就是说,当机器正常启动后,N301第7脚的电压必须维持在10～34V,低则欠压保护,高则过压保护。

(3) 稳压调控电路部分

该机稳压控制电路主要由N301、光耦V304、精密取样集成电路V301及取样电阻R312、R314等组成。若经T301次级8～11绕组产生的感应电压升高,则经VD308整流后的电压亦升高,此时经R312、R314后加至V301(TL431)的R端电压也相应升高,其K端电位降低,光耦V304内发光二极管因电流增大亮度增强,其受控端C、E极导通量增加。加至N301第2脚的电压相应升高,该脚电压升高时其1脚电压自动降低,其6脚输出的方波脉冲宽度变窄,开关管V310的导通时间缩短,开关变压器T301传输的能量降低,其次级感应电压降低,最终达到使输出电压趋于稳定的目的。当外因致使T301次级感应电压降低时,其稳压过程与升高控制正好相反。

(4) 输出电路部分

开关变压器T301次级7～11绕组产生的感应电压经VD307整流,C328、L303滤波后得到约7V左右直流电压,该电压经排插XP301第9脚送至主板上供驱动部分电源。由8～11绕组产生的感应电压经VD308整流,C321滤波后得到约8V左右直流电压,该电压一路经VD309降压后加至排插XP301第13脚并传输至主板上供CPU及控制部分作工作电源;另一路经R315降压后供给光耦V304中的发光二极管,并经R312、R314分压后供给V301作参考电压;再一路则直接加至电源调整管V302的C极。经N302第1脚控制的V302在开机状态时其E极输出标准的5V电压,该电压一路直接加至解码板上供数字伺服部分工作电源,一路则加至另一电源调整管V303的C极,并经N302控制后在其E极输出约3.6V的直流电压,该电压经排插XP301第7脚送至主板上供解压芯片作工作电源。由T301的9～12绕组产生的感应电压经VD310整流、C326滤波后得到约18V左右直流电压,该电压经N303稳定为标准的12V电压,一路供N302作工作电压,另一路经XP301第10脚输至主板上供音频模拟放大及卡拉OK处理部分作工作电源。T301的9～13绕组产生的感应电压经VD311整流、C312滤波、R302限流后得到一24V电压,供给荧光显示屏作栅极电压。由T301第14～15单独绕组产生的感应电压经VD313整流、C31滤波后得到约3.5V左右的脉冲直流电压,该电压由XP301第1、2脚输至键控板上,供荧光显示屏作灯丝电压。

2. 常见故障现象及检修方法

(1) 现象:不通电

检修方法:在不拆电源板的情况下,首先测T301次级各整流输出端,皆无电压。拆下主板后测得+300V直流电压,正常。查N301的7脚供电,无正常的16V电压。断电后测启动电阻R326,发现其已开路。经查相关元件无短路状后更换R326,再开机,故障排除。

(2) 故障现象同上例

检修方法:测无300V电压。检查发现交流保险丝F301已熔断。检查VD301～VD304

四只整流二极管无短路现象。查 C307 正端对地阻值明显短路。分析该点对地短路原因排除整流二极管后,最大的疑点便是 C307 本身及开关管 V310。经查 V310 无异常,拆下 C307 检测,其已呈严重短路状。经用同值优质电解代换后试机,故障排除。

(3) 现象:工作约 10 分钟左右,电视画面呈杂乱状后死机。

检修方法:故障出现时首先测主板上各组电压,发现供解码芯片的 3.3V 电压已上升至 4V 左右。断开电源板至主板的排插 XP301。再接通电源并测 3.3V 调整管 V303 的基极,其已由正常的 3.6V 左右升至 4.5V 左右。因该脚电压升高与 N302 直接相关,故首先代换 N302,无效。于是怀疑 N302 第 6 脚外接反馈电阻 R310、R311 变值。经检测发现 R310 阻值明显下降,经用原值电阻代换后测 V303 射极输出电压,仍旧维持在 3.8V 的高电压上。遂用 2kΩ 的可调电阻取代 R310 并将其细调至 V303 射极输出电压为 3.6V 时试机,一切正常,即使连续工作十余小时,电压仍稳定正常。

(4) 现象:插上电源后整机无任何显示,不工作

检修方法:首先测 T301 次级各绕组整流后的直流电压,发现皆偏低并且不稳定。分析次级有输出电压,证明开关电源已起振。输出电压降低,说明自动稳压电路存在故障。检测 N301、V304 及相关阻容元件无误,更换精密取样集成电路 V301 后故障排除。

四、相关理论知识

🐝 **问题:模块二的电路是如何来改变输出电压的大小?**

1. 开关状态控制方式的种类

从上面的学习中我们知道,要改变输出电压的大小,可通过需要改变占空比 k,即改变开关器件的开关状态来实现。在开关电源中,占空比控制主要有以下三种方式:

(1) 脉冲宽度控制

脉冲宽度控制是指开关工作频率(即开关周期 T)固定的情况下直接通过改变导通时间(T_{on})来控制输出电压 U_o 大小的一种方式。因为改变开关导通时间 T_{on} 就是改变开关控制电压 U_C 的脉冲宽度,因此又称脉冲宽度调制(PWM)控制。模块二 DVD 机开关电源的电路中用到的也就是这种控制方式。

PWM 控制方式的优点是,因为采用了固定的开关频率,因此,设计滤波电路时就简单方便;其缺点是,受功率开关管最小导通时间的限制,对输出电压不能作宽范围的调节。此外,为防止空载时输出电压升高,输出端一般要接假负载(预负载)。

目前,集成开关电源大多采用 PWM 控制方式。

(2) 脉冲频率控制

脉冲频率控制是指开关控制电压 U_C 的脉冲宽度(即 T_{on})不变的情况下,通过改变开关工作频率(改变单位时间的脉冲数,即改变 T)而达到控制输出电压 U_o 大小的一种方式,又称脉冲频率调制(PFM)控制。

(3) 混合调制

脉冲宽度(即 T_{on})与脉冲周期 T 同时改变。采取这种调制方法,输出直流平均电压 U_o 的可调范围较宽,但控制电路较复杂。

2. PWM 控制电路的基本构成和原理

PWM 控制电路需要为开关管提供驱动信号,同时还要通过自动调节开关管导通时间的比

例(占空比)来实现输出电压稳定的调节。因此,PWM 控制电路一般由以下几部分组成:

① 基准电压稳压器,提供一个供输出电压进行比较的稳定电压和一个内部 IC 电路的电源;

② 振荡器,为 PWM 比较器提供一个锯齿波和与该锯齿波同步的驱动脉冲控制电路的输出;

③ 误差放大器,使电源输出电压与基准电压进行比较;

④ 以正确的时序使输出开关管导通的脉冲倒相电路。

如图 2-37 所示是 PWM 控制电路的基本组成和工作波形。

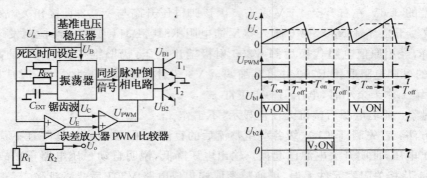

图 2-37   PWM 控制电路

其基本工作过程如下:输出开关管在锯齿波的起始点被导通。由于锯齿波电压比误差放大器的输出电压低,所以 PWM 比较器的输出较高。因为同步信号已在斜坡电压的起始点使倒相电路工作,所以脉冲倒相电路将这个高电位输出使 T_1 导通。当斜坡电压比误差放大器的输出高时,PWM 比较器的输出电压下降,通过脉冲倒相电路使 T_1 截止,下一个斜坡周期则重复这个过程。

3. UC3842/2842/3843 系列 PWM 控制器介绍

(1) UC3842 工作原理

脉宽调制电路可以用分立元件来构成,如在模块一中就采用了 RC 电路来实现脉宽调制功能。但是随着电子器件集成化的发展,在开关电源中,实际上更多地会采用集成的 PWM 控制器,如模块二中就使用了集成的 UC3842 PWM 控制器。

Unitrode 公司 UC3842 是双列直插式 8 脚的集成芯片,其结构框图如图 2-38 所示。它包括振荡器、误差放大器、电流检测比较器和脉宽调制锁存器等部分。UC3842 和 UC2842 也属这个系列,内部结构及功能相同,仅工作电压和工作温度有差异。

UC3842 的 7 脚为电压输入端,其启动电压范围为 16~34V。在电源启动时,$V_{CC} <$ 16V,输入电压施密特比较器输出为 0,此时无基准电压产生,电路不工作;当 $V_{CC} > 16V$ 时,输入电压施密特比较器送出高电平到 5V 基准稳压器,产生 5V 基准电压,此电压一方面供给内部电路工作,另一方面通过 8 脚向外部提供参考电压。一旦施密特比较器翻转为高电平(芯片开始工作以后),V_{CC} 可以在 10~34V 范围内变化而不影响电路的工作状态。当 V_{CC} 低于 10V 时,施密特比较器又翻转为低电平,电路停止工作。

当基准稳压源有 5V 基准电压输出时,基准电压检测逻辑比较器即达到高电平信号到输出电路。同时,振荡器将根据 4 脚外接 R_t、C_t 参数产生 $f = 1.8/(R_t \times C_t)$ 的振荡信号。此信号一路直接加到电路的输入端,另一路加到 PWM 脉宽调制 RS 触发器的置位端,RS 型 PWM 脉宽调制器的 R 端接电流检测比较器输出端。R 端为占空调节控制端,当 R 电压上

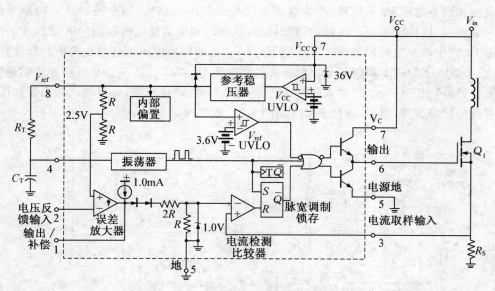

图 2-38 UC3842 内部结构框图

升时，Q 端脉冲加宽，同时 6 脚送出脉宽也加宽（占空比增多）；当 R 端电压下降时，Q 端脉冲变窄，同时 6 脚送出脉宽也变窄（占空比减小）。2 脚一般接输出电压取样信号，也称反馈信号。当 2 脚电压上升时，1 脚电压将下降，R 端电压亦随之下降，于是 6 脚脉冲变窄；反之，6 脚脉冲变宽。3 脚为电流传感端，通常在功率管的源极或发射极串入一小阻值取样电阻，将流过开关管的电流转为电压，并将此电压引入 3 脚。当负载短路或其他原因引起功率管电流增加，并使取样电阻上的电压超过 1V 时，6 脚就停止脉冲输出，这样就可以有效地保护功率管不受损坏。

如表 2-2 所示是 UC3842 的引脚功能。

表 2-2   UC3842 的引脚功能

引脚号	功　　能	引脚号	功　　能
1	误差放大器的输出端	5	公共地端
2	反馈电压输入端	6	推挽输出端
3	电流检测输入端	7	直流电源供电端
4	定时端	8	5V 基准电压输出端

（2）UC3842 的典型应用电路

UC3842 的典型应用电路如图 2-39 所示。该电路主要由桥式整流电路、高频变压器、MOS 功率管以及电流型脉宽调制芯片 UC3842 构成。其工作原理为：220V 的交流电经过桥式整流滤波电路后，得到大约 +300V 的直流高压。这一直流电压被 MOS 功率管斩波并通过高频变压器降压，变成频率为几万赫兹的矩形波电压，再经过输出整流滤波，就得到了稳定的直流输出电压。其中高频变压器的自馈线圈 N_2 中感应的电压，经 D_2 整流后所得到的直流电压被反馈到 UC3842 内部的误差放大器并和基准电压比较得到误差电压 V_r，同时在取样电阻 R_{11} 上建立的直流电压也被反馈到 UC3842 电流测定比较器的同向输入端，这个检测电压和误差电压 V_t 相比较,产生脉冲宽度可调的驱动信号,用来控制开关功率管的导通和关断时间,以决定高频变压器的通断状态,从而达到输出稳压的目的。图 2-39 中,R_5 用来限制 C_8 产生的充电峰值电流。考虑到 V_i 及 V_{ref} 上的噪声电压也会影响输出的脉冲宽度,因此,在 UC3842 的脚 7 和脚 8 上分别接有消噪电容 C_4 和 C_2。R_7 是 MOS 功率管的栅极限流电阻。另外,在 UC3842 的输入端与地之间,还有 34V 的稳压管,一旦输入端出现高压,该稳压管就被反向击穿,将 V_i 钳位于 34V,保护芯片不致损坏。

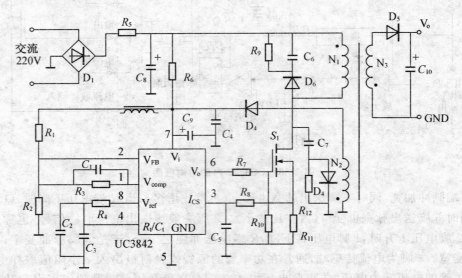

图 2-39   UC3842 的典型应用电路

练   习

1. 在直流斩波电路中,开关管的控制方式有几种?
2. PWM 调制电路在开关电源中的作用是什么?

项目三 交流电力控制电路

本项目通过一个简单的调光台灯的应用电路模块和交流稳压器的实际应用电路,使学生学会分析交流调压及稳压的控制电路的一般方法。由于是围绕着实际应用电路实施教学,可以激发学生的学习兴趣,并获得装接实际应用电路的能力。

模块一 调光台灯

一、教学目标

1. 终极目标

能够根据要求设计、制作一个简单的调光台灯。

2. 促成目标

(1) 能知道双向晶闸管和双向二极管的性能特点与作用。

(2) 能知道双向晶闸管的触发方式。

(3) 能懂得交流调压电路的基本工作原理。

(4) 能掌握调光台灯电路的工作原理以及简单的制作和调试。

二、工作任务

调光台灯电路如图 3-1 所示,是一个由双向晶闸管组成的单相调压电路。调节 R_{W1} 的大小将改变电源对电容 C_1 的充电时间,从而改变了 C_1 端达到双向触发二极管 D_5 所需触发电平的时间,即改变了双向晶闸管移相角 α 的大小,达到交流调压的目的。双向晶闸管触发方式为 I_+ 和 III_-。D_1、D_2、D_3、D_4、R_1、R_2 起到起始快速充电的作用。

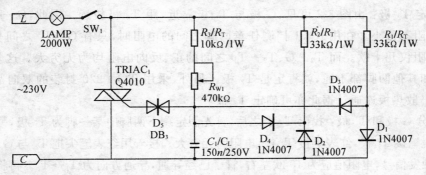

图 3-1 调光台灯电路

其工作任务是：（1）认识电路中的元器件，并知道在电路中起什么作用；

（2）读懂电路图，确定元器件的参数；

（3）制作一个简单的调光台灯，调试并达到预期的要求。

三、相关实践知识

1. 双向晶闸管

（1）简介

双向晶闸管是在普通晶闸管的基础上发展起来的，它不仅能代替两只反极性并联的晶闸管，而且仅用一个触发电路，是目前比较理想的交流开关器件。其英文名称 TRIAC（three-terminal two-way communication switch）就是三端双向交流开关的意思。尽管从形式上可以把双向晶闸管看成两只普通晶闸管的组合，但实际上它是由七只晶体管和多只电阻构成的功率集成器件。双向晶闸管的外形同普通晶闸管类似，有塑封型、螺栓型和平板型。小功率双向晶闸管一般采用塑封型，有的还带小散热极。双向晶闸管可广泛用于工业、交通、家电领域，实现交流调压、交流调速、交流开关、舞台调光、台灯调光等多种功能。此外，它还被用在固态继电器和固态接触器的电路中。

（2）双向晶闸管的三个电极及判别

双向晶闸管的结构与符号如图 3-2 所示。它属于 NPNPN 五层器件，三个电极分别是 T_1、T_2、G。因该器件可以双向导通，故门极 G 以外的两个电极统称为主端子，用 T_1、T_2 表示，不再划分成阳极或阴极。其特点是，当 G 极和 T_2 极相对于 T_1 的电压均为正时，T_2 是阳极，T_1 是阴极；反之，当 G 极和 T_2 极相对于 T_1 的电压均为负时，T_1 变成阳极，T_2 为阴极。

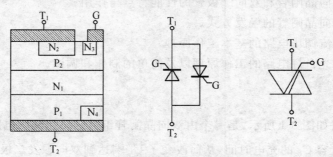

图 3-2　双向晶闸管的结构、等效电路及符号

下面介绍利用万用表 $R\times1$ 档判定双向晶闸管电极的方法，同时还检查触发能力。

1）判定 T_2 极：由图 3-2 可见，G 极与 T_1 极靠近，距 T_2 极较远。因此，G—T_1 之间的正、反向电阻都很小。在用 $R\times1$ 档测任意两脚之间的电阻时，只有 G—T_1 之间呈现低阻，正、反向电阻仅几十欧。而 T_2—G、T_2—T_1 之间的正、反向电阻均为无穷大。这表明，如果测出某脚和其他两脚都不通，就肯定是 T_2 极。另外，采用 TO-220 封装的双向晶闸管，T_2 极通常与小散热板连通。据此亦可确定 T_2 极。

2）区分 G 极和 T_1 极：找出 T_2 极之后，首先假定剩下两脚中某一脚为 T_1 极，另一脚为 G 极。把黑表笔接 T_1 极，红表笔接 T_2 极，电阻为无穷大。接着用红表笔尖把 T_2 与 G 短路，给 G 极加上负触发信号，电阻值应为 10 欧左右，管子已经导通，导通方向为 $T_1\rightarrow T_2$。再将红表笔尖与 G 极脱开（但仍接 T_2），如果电阻值保持不变，就表明管子在触发之后能维持导通状态。把

红表笔接 T_1 极,黑表笔接 T_2 极,然后使 T_2 与 G 短路,给 G 极加上正触发信号,电阻值仍为 10 欧左右,与 G 极脱开后若阻值不变,则说明管子经触发后,在 $T_2 \to T_1$ 方向上也能维持导通状态,因此其具有双向触发性质。由此证明上述假定正确。否则是假定与实际不符,需重新作出假定,重复以上测量。显而易见,在识别 G、T 的过程中,也就检查了双向晶闸管的触发能力。

（3）双向晶闸管的命名及主要参数

国产双向晶闸管的型号如 KS50 – 10 – 21,表示额定电流 50A,断态重复峰值电压 10 级（1000V）,断态电压临界上升率 du/dt 为 2 级（≥200V/μs）,换向电流临界下降率 di/dt 为 1 级（≥1% $I_{T(RMS)}$）。有关国产 KS 型双向晶闸管的主要参数见表 3-1,其他双向晶闸管的命名及主要参数可查阅相关的手册及资料。

表 3-1　KS 型双向晶闸管的主要参数

参数数值 系列	额定通态电流（有效值）$I_{T(RMS)}$/A	断态重复峰值电压（额定电压）U_{DRM}/V	断态重复峰值电流 I_{DRM}/mA	额定结温 T_{jm}/℃	断态电压临界上升率 du/dt/(V/μs)	通态电流临界上升率 di/dt/(A/μs)	换向电流临界下降率 di/dt/(A/μs)	门极触发电流 I_{CT}/mA	门极触发电压 U_{CT}/mA	门极峰值电流 I_{CT}/mA	门极峰值电压 U_{CM}/V	维持电流 I_H/mA	通态平均电压 $U_{T(AV)}$/V
KS1	1		<1	115	≥20		—	3～100	≤2	0.3	10		上限值各厂由浪涌电流和结温的合格形式试验决定并满足 $|U_{t1} - U_{t2}| ≤ 0.5V$
KS10	10		<10	115	≥20		—	5～100	≤3	2	10		
KS20	20		<10	115	≥20		—	5～200	≤3	2	10	实测值	
KS50	50	100～200	<15	115	≥20	10	≥0.2% $I_{T(RMS)}$	8～200	≤4	3	10		
KS100	100		<20	115	≥50	10		10～300	≤4	4	12		
KS200	200		<20	115	≥50	15		10～400	≤4	4	12		
KS400	400		<25	115	≥50	30		20～400	≤4	4	12		
KS500	500		<25	115	≥50	30		20～400	≤4	4	12		

2. 双向触发二极管

双向触发二极管（DIAC）属三层结构,具有对称性的两端半导体器件。常用来触发双向可控硅,在电路中作过压保护等用途。图 3-3(a)、(b)、(c)分别是它的构造示意图、符号及等效电路。可等效于基极开路、发射极与集电极对称的 NPN 型晶体管,因此完全可用两只 NPN 晶体管如图 3-3(d)所示连接来替代。双向触发二极管正、反向伏安特性几乎完全对称（见图 3-3(e)）。当器件两端所加电压 U 低于正向转折电压 $V_{(B0)}$ 时,器件呈高阻态。当 $U > V_{(B0)}$ 时,管子击穿导通进入负阻区。同样当 U 大于反向转折电压 $V_{(BR)}$ 时,管子同样能进入负阻区。转折电压的对称性用 $\Delta V_{(B)}$ 表示。$\Delta V_{(B)} = V_{(B0)} - V_{(BR)}$。一般 $\Delta V_{(B)}$ 应小于 2V。双向触发二极管的正向转折电压值一般有三个等级：20～60V、100～150V、200～250V。由于转折电压都大于 20V,可以用万用表电阻挡正、反向测双向二极管,表针均应不动($R \times 10k$),但还不能完全确定它就是好的。检测它的好坏,并能提供大于 250V 的直流电压的电源,检测时通过管子的电流不要大于 5mA。用晶体管耐压测试器检测十分方便。如没有,可用兆欧表按图 3-3(f)所示进行测量(正、反各一次)。例如,测一只 DB3 型二极管,第一次为

27.5V,反向后再测为 28V,则 $\Delta V_{(B)} = V_{(BO)} - V_{(BR)} = 28V - 27.5V = 0.5V < 2V$,表明该管对称性很好。部分双向触发二极管参数见表 3-2。

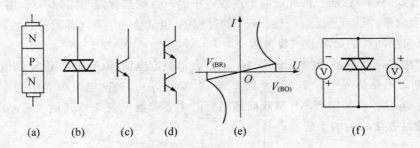

(a)　　(b)　　(c)　　(d)　　(e)　　　　　　(f)

图 3-3　双向触发二极管

表 3-2　部分双向触发二极管参数

元件编号	正向转折电压 V_{BO}/V	正向转折电流 $I_{BO}/\mu A$
DB3	28～36	50
DB4	35～45	50
DB6	56～70	50
DB120	28～36	100
BR100/03	28～36	50
LLDB3	28～36	50

四、相关理论知识

1. 双向晶闸管

（1）特性与参数

双向晶闸管有正、反向对称的伏安特性曲线。正向部分位于第Ⅰ象限,反向部分位于第Ⅲ象限,如图 3-4 所示。

双向晶闸管的主要参数中只有额定电流与普通晶闸管有所不同,其他参数定义相似。由于双向晶闸管工作在交流电路中,正反向电流都可以流过,所以它的额定电流不用平均值而是用有效值来表示。额定电流定义为:在标准散热条件下,当器件的单向导通角大于 170°时,允许流过器件的最大交流正弦电流的有效值,用 $I_{T(RMS)}$ 表示。双向晶闸管额定电流与普通晶闸管额定电流之间的换算关系式为

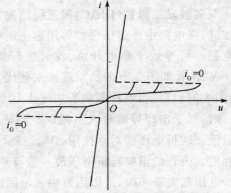

图 3-4　双向晶闸管伏安特性

$$I_{T(AV)} = \frac{\sqrt{2}}{\pi} I_{T(RMS)} = 0.45 I_{T(RMS)}$$

依此推算,一个 100A 的双向晶闸管与两个反并联 45A 的普通晶闸管电流容量相等。

（2）触发方式

双向晶闸管正、反两个方向都能导通,门极加正、负电压都能触发。主电压与触发电压相互配合,可以得到四种触发方式:

① Ⅰ₊触发方式:主极 T_2 为正,T_1 为负;门极电压 G 为正,T_1 为负。特性曲线在第 Ⅰ 象限。

② Ⅰ₋触发方式:主极 T_2 为正,T_1 为负;门极电压 G 为负,T_1 为正。特性曲线在第 Ⅰ 象限。

③ Ⅲ₊触发方式:主极 T_2 为负,T_1 为正;门极电压 G 为正,T_1 为负。特性曲线在第 Ⅲ 象限。

④ Ⅲ₋触发方式:主极 T_2 为负,T_1 为正;门极电压 G 为负,T_1 为正。特性曲线在第 Ⅲ 象限。

由于双向晶闸管的内部结构原因,四种触发方式中灵敏度各不相同,Ⅲ₊触发方式的灵敏度最低,使用时要尽量避开。常采用的触发方式为 Ⅰ₊和 Ⅲ₋。

（3）触发电路

1）本相电压强触发电路

这种触发方式电路简单,主要用于双向晶闸管组成的交流开关电路,如图 3-5 所示。当 Q 闭合时,靠管子本身的阳极电压作为触发电源,具有强触发性质。当该电压形成的电流达到双向晶闸管的电流时,可使管子可靠触发导通。导通后双向晶闸管两端电压降至 1V 左右,从而使门极电压也降至很小,不再对双向晶闸管产生影响。本电路双向晶闸管的触发方式为 Ⅰ₊和 Ⅲ₋。为了限制门极电流,门极回路所串限流电阻 R 应近似为

$$R = \frac{U_{GM}}{I_{GM}}$$

2）双向二极管触发电路

这种触发方式电路如图 3-6 所示。当晶闸管阻断时,电容 C 由电源经负载及电位器 R_P 充电。当电容电压 u_C 达到一定值时,双向二极管 D 转折导通,触发双向晶闸管 T。T 导通后将触发电路短路,待交流电压(电流)过零反向时,T 自行关断。电源反向时,C 反向充电,充电到一定值时,双向二极管 D 反向击穿,再次触发 T 导通,属于 Ⅰ₊、Ⅲ₋触发方式。改变 R_P 阻值即可改变正负半周控制角,从而在负载上即可得到不同的电压。这就构成了一个双向二极管触发单相交流调压电路。

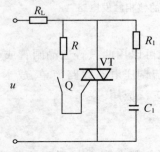

图 3-5 本相电压强触发方式

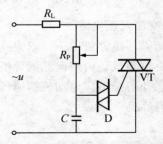

图 3-6 双向二极管触发方式

3）单结晶体管（UJT）组成的双向晶闸管触发电路

单结晶体管组成的双向晶闸管触发电路如图 3-7 所示，不难看出这是Ⅰ－、Ⅲ－触发方式。

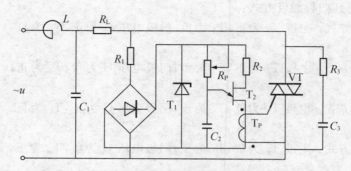

图 3-7　单结晶体管（UJT）组成的双向晶闸管触发电路

4）KC06 集成触发器组成的双向晶闸管移相触发电路

该器件组成的触发电路如图 3-8 所示，主要适用于交流电直接供电的双向晶闸管或反并联晶闸管电路的交流移相控制，是交流调光、调压的理想电路。用 R_{P_1} 调节触发电路锯齿波的斜率，R_5、C_2 调节脉冲的宽度，R_{P_2} 是移相控制电位器。

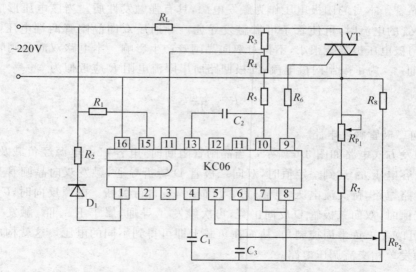

图 3-8　KC06 集成触发器组成的移相触发电路

2. 单相交流调压电路

单相交流调压电路可由一只双向晶闸管组成，也可以用两只普通晶闸管或 GTR 等其他全控器件反并联组成。由双向晶闸管组成的单相交流调压电路线路简单、成本低，在工业加热、灯光控制、小容量感应电动机调速等场合得到了广泛应用。

（1）电阻负载

1）工作原理

相当于两个反并联的单相半波电路的叠加。在负载电阻上就得到缺角的交流电压波形,通过改变触发延时角 α 可得到不同的输出电压的有效值,从而达到交流调压的目的。其主电路图与波形图分别如图 3-9(a)和(b)所示。

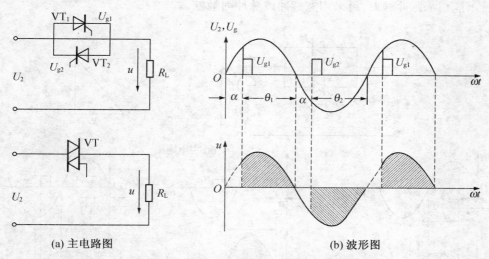

(a) 主电路图   (b) 波形图

图 3-9 单相交流调压电阻负载电路与波形

2) 电量计算

① 输出交流电压有效值和电流有效值

$$U_R = \sqrt{\frac{1}{\pi}\int_\alpha^\pi (\sqrt{2}U_2\sin\omega t)^2 \mathrm{d}(\omega t)} = U_2\sqrt{\frac{1}{2\pi}\sin 2\alpha + \frac{\pi-\alpha}{\pi}}$$

$$I = \frac{U_R}{R} = \frac{U_2}{R}\sqrt{\frac{1}{2\pi}\sin 2\alpha + \frac{\pi-\alpha}{\pi}}$$

② 流过晶闸管的电流有效值与上式相同。

③ 功率因数

$$\cos\varphi = \frac{P}{S} = \frac{U_R I}{UI} = \frac{U_R}{U} = \sqrt{\frac{2(\pi-\alpha)+\sin 2\alpha}{2\pi}}$$

(2) 电感性负载

1) 工作原理

由于电感性负载电路中电流的变化要滞后电压的变化,因而和电阻负载相比就有一些新的特点。晶闸管导通角 θ 的大小,不但与触发延迟角 α 有关,而且与负载功率因数角 φ 有关。触发延迟角越小,则导通角越大。负载功率因数角 φ 越大,表明负载感抗越大,自感电动势使电流过零的时间越长,因而导通角 θ 越大。其主电路图与波形图分别如图 3-10 所示。

下面分三种情况进行讨论:

① α>φ:θ<180°,正负半波电流断续。α 愈大,θ 愈小,即 α 的移相在(180°～φ)范围内,可以得到连续可调的交流电压。

② α=φ:θ=180°,即正负半周电流临界连续。相当于晶闸管失去控制,负载电流与电压成为对称连续的正弦波。

③ $\alpha < \varphi$：在这种情况下若 VT$_1$ 管先被触发导通，而且 $\theta > 180°$，如果采用窄脉冲触发，负载电流只有正半波部分，出现很大直流分量，电路不能正常工作。因而接电感性负载时，晶闸管不能用窄脉冲触发，可采用宽脉冲或脉冲列触发。

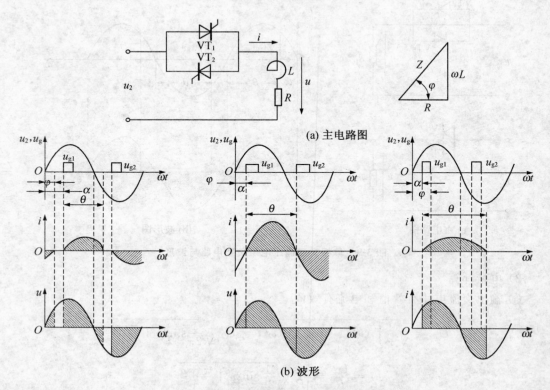

(a) 主电路图

(b) 波形

图 3-10   单相交流调压电感负载电路及波形

2）电路特点及电量计算

① 电感性负载不能用窄脉冲触发。否则当 $\alpha < \varphi$ 时，会出现一个晶闸管无法导通，并产生很大直流分量电流，烧毁熔断器或晶闸管。

② α 的移相范围为 $\varphi \sim 180°$。

③ 当 $\alpha = \varphi$ 时，$\varphi = \arctan(\omega L / R)$，$U = U_2$

$$I = \frac{U_2}{\sqrt{R^2 + (\omega L)^2}}, \quad P = I^2 R = UI\cos\varphi$$

3. 三相交流调压电路

适用范围：单相交流调压适用于容量不大单相负载，对于大容量的三相负载，如三相电热炉、大容量异步电动机的软起动装置、高频感应加热、电解与电镀等设备，若需要调压或调节输出功率，可用三相交流调压电路来实现。

（1）用三对反并联晶闸管联结成三相三线交流调压电路

触发电路和三相全控桥式整流电路一样，需采用宽脉冲或双窄脉冲。其主电路图与波形图分别如图 3-11 所示。

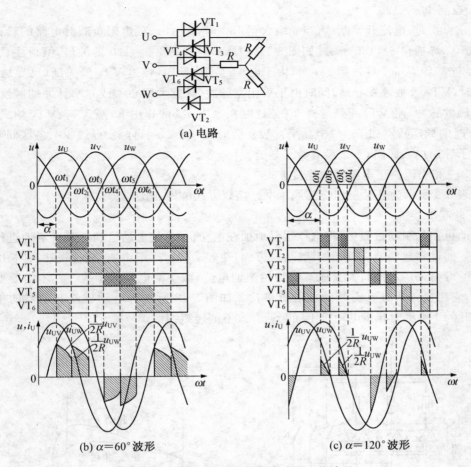

(a) 电路

(b) α＝60°波形　　　　　(c) α＝120°波形

图 3-11　三相三线交流调压电路及工作波形

1) 控制角 $\alpha＝0°$

当 $\alpha＝0°$ 时，即在相应的每相电压过零处给晶闸管触发脉冲，6 只晶闸管相当于 6 只整流二极管，因而三相正反向电流都畅通，相当于一般的三相交流电路。晶闸管的导通顺序为 VT_1、VT_2、VT_3、VT_4、VT_5、VT_6。触发电路的脉冲间隔为 60°；每只管子的导通角为 ＝180°，除换流点外，每时刻均有三只晶闸管导通。

2) 控制角 $\alpha＝60°$

当 $\alpha＝60°$ 时，U 相晶闸管导通情况如图 3-11(b)所示，ωt_1 时刻，触发 VT_1 管导通，与原导通的 VT_6 管构成电流回路，此时在线电压 u_{UV} 的作用下 U 相电流为 $i_U＝u_{UV}/2R$。ωt_2 时刻，触发 VT_2 管导通，与原导通的 VT_1 管构成电流回路，同时 VT_6 管被关断，此时在线电压 u_{UW} 的作用下 U 相电流为 $i_U＝u_{UW}/2R$。ωt_3 时刻，VT_1 被关断，VT_4 管还未导通，此时 i_U 为零。ωt_4 时刻，VT_4 管被触发导通，与原导通的 VT_3 管构成电流回路，在 u_{UV} 电压作用下形成 i_U。同理在 $\omega t_5 \sim \omega t_6$ 期间，i_U 经 VT_4、VT_5 构成电流回路。同样分析可得到 i_V、i_W 的波形，其形状与 i_U 相同，相位互差 120°。$\alpha＝60°$ 时的导通特点如下：每个晶闸管导通 120°；每个区间由两个晶闸管构成回路。

3）控制角 $\alpha = 120°$

当 $\alpha > 90°$ 时，电流开始断续，当 α 增大至 $150°$ 时，$i_U = 0$。故电阻负载时电路的移相范围为 $0 \sim 150°$，导通角 $\theta = 180° - \alpha$。如图 3-11(c)所示为控制角 $\alpha = 120°$ 的波形，值得注意的是，当 VT_1 与 VT_6 从 ωt_1 导通到 ωt_2 时，由于电压过零后反向，强迫 VT_1 管关断（已导通 $30°$）。在 ωt_3 时，VT_2 管被触发导通，同时由于采用宽脉冲（脉宽大于 $60°$）或双窄脉冲的触发方式，故仍有触发脉冲，使 VT_1 重新导通 $30°$。此时在电压 u_{UW} 的作用下，经 VT_1、VT_2 构成回路。$\alpha = 120°$ 时的导通特点如下：每个晶闸管触发后通 $30°$，断 $30°$，再触发导通 $30°$；各区间要么由两个管子导通构成回路，要么没有管子导通。

（2）三相交流调压电路其他连接方式

如表 3-3 所示为几种三相交流调压电路接线方式的性能比较。

1）软起动器

电动机在起制动过程中，将电压缓慢地加在电动机上，使电动机和负载平滑地进行加速及减速。通过软起动器装置相控调压，一方面，使起动转矩逐渐增加，减少损耗，延长电动机和电源的寿命；另一方面，大大地减低初始浪涌电流，减少对电网的干扰。在不需要变速的场合下，它比变频器具有更好的性能价格比。如图 3-12 所示为电动机软起动器的主电路图；如图 3-13 所示为异步电动机不同起动方式下的转矩特性。

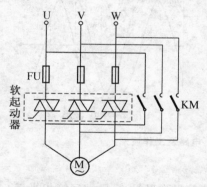

图 3-12　软起动器的主电路

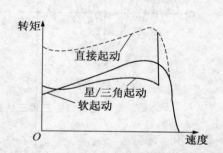

图 3-13　异步电动机不同起动方式下的转矩特性

表 3-3　几种三相交流调压电路接线方式的性能比较

电路名称	电路图	晶闸管工作电压（峰值）	晶闸管工作电流（峰值）	移相范围	线路性能特点
三相三线交流调压		$\sqrt{2}U_1$	$0.45I_1$	$0 \sim 150°$	1. 负载对称，且三相皆有电流时，如同三个单相组合 2. 应采用双窄脉冲或大于 $60°$ 的宽脉冲触发 3. 不存在 3 次谐波电流 4. 适用于各种负载

续　表

电路名称	电 路 图	晶闸管工作电压（峰值）	晶闸管工作电流（峰值）	移相范围	线路性能特点
星形带中性线的三相交流调压	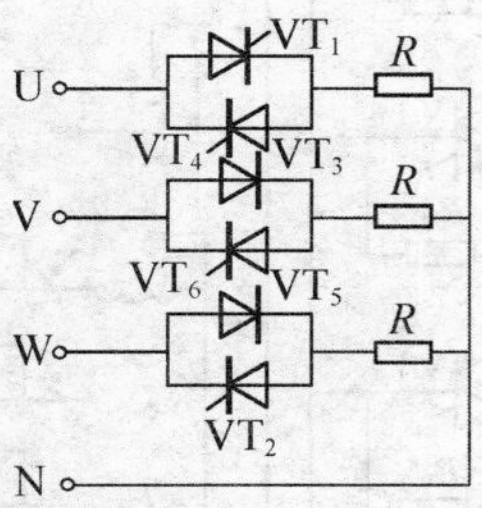	$\sqrt{\dfrac{2}{3}}U_1$	$0.45I_1$	$0\sim180°$	1. 是三个单相电路的组合 2. 输出电压、电流波形对称 3. 因有中性线可流过谐波电流，特别是 3 次谐波电流 4. 适用于中小容量可接中性线的各种负载
晶闸管与负载连接成为三角形的三相交流调压电路	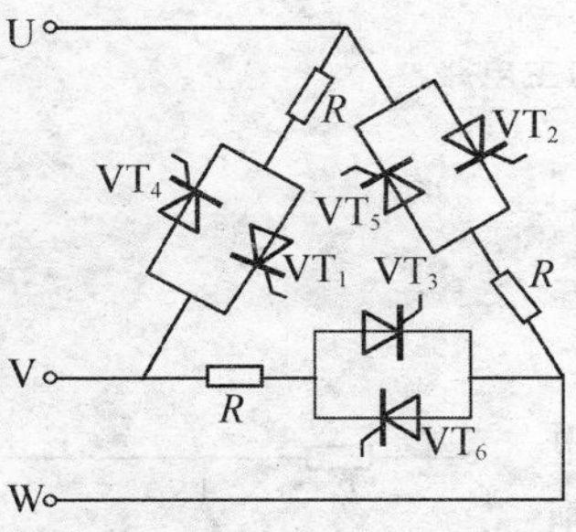	$\sqrt{2}U_1$	$0.26I_1$	$0\sim150°$	1. 是三个单相电路的组合 2. 输出电压、电流波形对称 3. 与 Y 联结比较，在同容量时，此电路可选电流小、耐压高的晶闸管 4. 此种接法实际应用较少
晶闸管反并联的三相三线交流调压电路	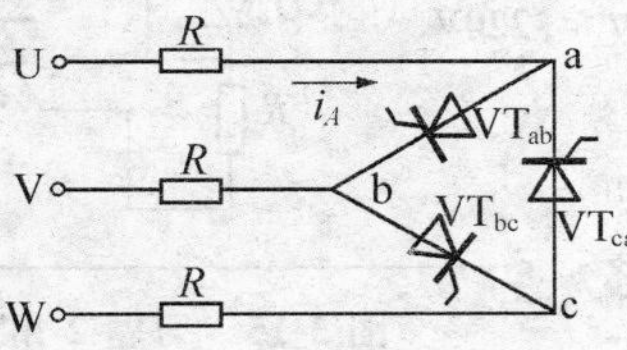	$\sqrt{2}U_1$	$0.68I_1$	$0\sim210°$	1. 线路简单，成本低 2. 适用于三相负载 Y 联结，且中性点能拆开的场合 3. 因线间只有一个晶闸管，属于不对称控制

2）晶闸管电镀电源

晶闸管电镀电源为低压大电流电路，如图 3-14 所示。交流输入电压为 380V，50Hz；直流输出电流为 0～1500A、直流输出电压为 0～18V。整流变压器 TR 的一次侧接成星形三相四线制，每相用一只双向晶闸管与 T_R 的一次侧绕组串联实现交流调压，变压器二次侧采用带平衡电抗器 L 的双反星形整流电路，用 12 只整流二极管，并联成六路输出。指示灯 HL$_1$～HL$_3$ 供操作者检查三相晶闸管的工作是否对称。当 Q$_1$～Q$_3$ 接通时，三个指示灯应该亮度一样，若某一相灯泡较暗或不亮，即该相电路工作不正常。FU 选用快速熔断器，T$_A$ 为电流互感器，用于电流反馈和过电流保护信号取样，取样信号送到控制电路。

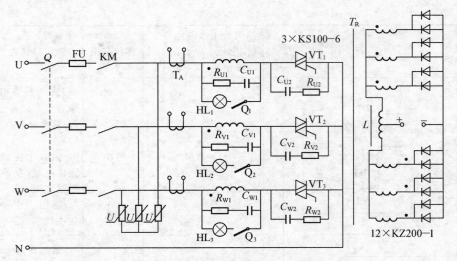

图 3-14　晶闸管电镀电源的主电路

练　习

1. 双向晶闸管额定电流的定义和普通晶闸管额定电流的定义有何不同？额定电流为 100A 的两只普通晶闸管反并联可以用额定电流为多少的双向晶闸管代替？

2. 试说明图 3-15 所示电路的工作原理，并指出双向晶闸管的触发方式。

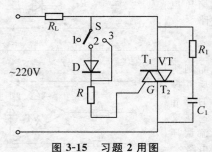

图 3-15　习题 2 用图

3. 两单向晶闸管反并联构成的单相交流调压电路，如图 3-16 所示，输入电压 $U_1 = 220V$，负载电阻 $R = 5\Omega$。当移相触发角 $\alpha = 2\pi/3$ 时，求：(1) 输出电压有效值；(2) 输出平均功率；(3) 晶闸管电流平均值和有效值；(4) 输入功率因数；(5) 画出 U_o、i_o 的波形。

4. 一单相交流调压器，电源为工频 220V，阻感串联作为负载，其中 $R = 0.5\Omega$，$L = 2mH$。试求：① 触发延时角 α 的变化范围；② 负载电流的最大有效值；③ 最大输出功率及此时电源侧的功率因数；④ 当 $\alpha = \pi/2$ 时，晶闸管电流有效值、晶闸管导通角和电源侧功率因数。

5. 一台 220V/10kW 的电炉，采用单相晶闸管交流调压电路，要使其工作在功率为 5kW 状态，试求电路的触发延时角 α、工作电流及电源侧功率因数。

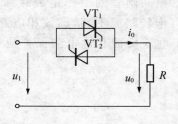
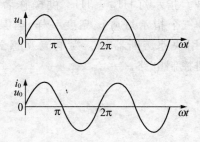

图 3-16　习题 3 用图

6. 一个 220V/2kW 电炉(负载 R)由单相交流调压电路供电,$U_1=220V$,控制角 $\alpha=0°$ 时输出功率为最大值,试求:(1)画出 $\alpha=90°$ 输出电压 U_o 的波形(用阴影标示);(2)求 $\alpha=90°$ 时输出功率、工作电流及电源侧功率因数;(3)求输出功率为零时的控制角 α。

模块二　交流稳压器

一、教学目标

1. 终极目标

能够根据要求设计一个简单的交流稳压电路。

2. 促成目标

(1)能知道交流开关的组成和作用,掌握电热炉温控电路的工作原理。

(2)能懂得过零触发及交流调功器的基本工作原理。

(3)能知道交流稳压器的工作原理及简单制作工艺。

(4)能知道交流稳压器的一些主要性能。

二、工作任务

交流稳压器主电路原理如图 3-17 所示,主要由补偿变压器 T_1、T_2、T_3 与晶闸管交流开关 SCR_1、SCR_2、SCR_3、SCR_4、SCR_5、SCR_6、SCR_7、SCR_8 等组成,图中 QF_1 为断路器,QF_2 为转换开关,KM_1 为交流接触器,F_7 为熔断器,R_1、R_2、R_3 为限流电阻,R_{10}、R_{11}、R_{12}、R_{13}、R_{14}、R_{15}、R_{16} 为压敏电阻等。

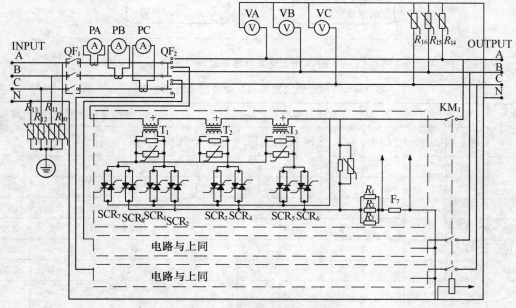

图 3-17　交流稳压器主电路

其工作任务是：（1）认识电路中的元器件，并知道在电路中起什么作用；

（2）读懂电路图，确定元器件的参数；

（3）知道交流稳压器的简单制作工艺；

（4）知道交流稳压器的一些主要性能。

三、相关实践知识

1. 交流稳压器的稳压原理

该系列稳压器主要由变压器补偿单元、晶闸管交流开关、采样电路、A/D 转换电路、单片机控制电路、延时/保护输出、状态显示/报警等部分组成，其原理如图 3-18 所示。当输入电压 U_i 波动或负载变化导致输出电压 U_o 偏离额定值时，通过采样电路获取输出反馈电压，经 A/D 转换后输入单片机控制电路，并与基准电压比较，由单片机程序进行判断处理，输出控制指令，使相对应的晶闸管交流开关导通，切换对应的补偿变压器绕组组合，改变补偿电压 ΔU，从而达到稳定输出电压 U_o 的目的（$U_o = U_i + \Delta U$）。表 3-4 为不同的输入电压时，晶闸管交流开关与补偿变压器的状态表。

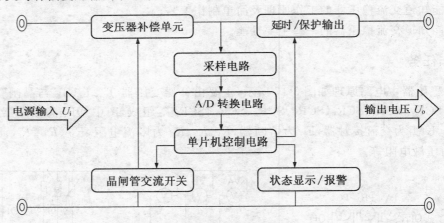

图 3-18　交流稳压器原理

表 3-4　晶闸管交流开关与补偿变压器的状态表

输入电压/V	晶闸管交流开关状态								补偿变压器状态			输出电压/V
	SCR_7	SCR_8	SCR_1	SCR_2	SCR_3	SCR_4	SCR_5	SCR_6	T_1/V	T_2/V	T_3/V	
153.5	1			1		1		1	+38	+19	+9.5	220
163	1			1		1		0	+38	+19	0	220
172.5	1			1		0		1	+38	0	+9.5	220
182	1			1		0		0	+38	0	0	220
191.5	1			0		1		1	0	+19	+9.5	220
201	1			0		1		0	0	+19	0	220
210.5	1			0		0		1	0	0	+9.5	220
220	1			0		0		0	0	0	0	220
229.5		1		0		0		1	0	0	-9.5	220

续　表

输入电压/V	晶闸管交流开关状态								补偿变压器状态			输出电压/V
	SCR₇	SCR₈	SCR₁	SCR₂	SCR₃	SCR₄	SCR₅	SCR₆	T_1/V	T_2/V	T_3/V	
239	1	0		1		0			0	−19		220
248.5	1	0		1		1			0	−19	−9.5	220
258	1	1		0		0			−38	0	0	220
267.5	1	1		0		1			−38	0	−9.5	220
277	1	1		1		0			−38	−19	0	220
286.5	1	1		1		1			−38	−19	−9.5	220

2. 交流稳压器的主要性能指标

(1) 稳压范围：$U_N \pm 30\%$V；

(2) 稳压精度：$U_N \pm 5\%$V（在规定的输入电压范围内）；

(3) 响应时间：$\leqslant 0.2$s；

(4) 效率：$\geqslant 96\%$；

(5) 相对谐波含量：相对谐波含量的增量$\leqslant 1\%$；

(6) 相位：输出电压与输入电压同相位；

(7) 保护：设有缺相、过压、欠压、故障自动保护；

(8) 负载：可适用于任意负载（阻性、容性、感性），可长期连续工作。

四、相关理论知识

交流开关有电磁式开关与电力电子交流开关。电磁式开关在断开负载电路时往往有电弧产生，触头易烧损，动作时间长；且有噪声、寿命短和功耗大等缺点。电力电子交流开关具有无触头、开关速度快、使用寿命长和功耗小等优点。

交流开关可用两只普通晶闸管或者两只自关断电力电子器件反并联组成，或者由一只双向晶闸管组成。目前用双向晶闸管组成的交流开关电路，在调光、控温、小容量电动机的调速及大容量异步电动机的软起动等场合得到广泛应用。下面简单介绍几类常用的电力电子交流开关。

1. 晶闸管交流开关及应用

(1) 晶闸管交流开关

晶闸管交流开关是一种快速、理想的交流开关，其基本形式如图 3-19 所示。它以毫安级触发电流控制流过晶闸管及负载的几安至几百安大电流的通断。晶闸管在承受正半周电压时可被触发导通，在电源电压过零或负半周时管子承受反向电压，并在电流过零时自然关断，在关断时不会因负载或线路电感储存能量而造成暂态过电压和电磁干扰。因此特别适用于操作频繁、可逆运行及有易燃气体、多粉尘的场合。

如图 3-19(a)所示为普通晶闸管反并联的交流开关。当 Q 合上时，靠管子本身的阳极电压作为触发电源，具有强触发性质，可使管子可靠触发。图 3-19(b)所示为采用双向晶闸管的交流开关,其线路简单,但工作频率比反并联电路低(小于 400Hz)。如图 3-19(c)所示为只有一个普通晶闸管的电路,管子只能承受正压,但由于串联元器件多,其压降损耗较大。

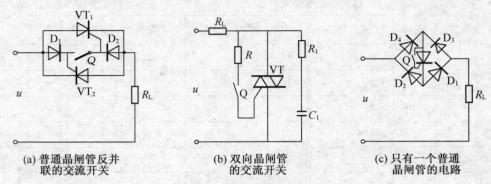

(a) 普通晶闸管反并
联的交流开关 (b) 双向晶闸管
的交流开关 (c) 只有一个普通
晶闸管的电路

图 3-19 晶闸管开关的基本形式

(2)电热炉温控电路

这里介绍的三相电热炉温控电路主要由双向晶闸管、温控仪及简单的控制电路组成,如图 3-20 所示。它采用双向晶闸管为电力开关,能实现对负载 R_L 电压的通断控制,从而实现对温度的控制。炉温就能自动保持在给定温度控制范围内。其工作原理如下:当开关 Q 拨到"自动"位置时,合上电源开关,温控仪 KT 使常开触点 KT 闭合,VT_4(小容量双向晶闸管)被触发导通,KA 得电,常开触点 KA 闭合,VT_1、VT_2、VT_3 被触发导通,负载电阻 R_L 接入交流电源,电炉升温。若炉温达到给定温度,温控仪的常开触点 KT 断开,VT_4 关断,继电器 KA 失电,双向晶闸管 VT_1、VT_2、VT_3 关断,电阻 R_L 与电源断开,电炉降温。使炉温被控制在给定范围内波动,基本实现自动恒温控制。

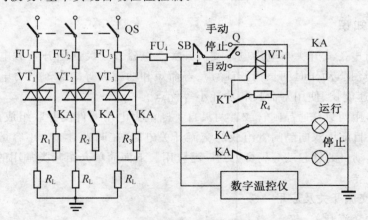

图 3-20 电热炉温控电路

双向晶闸管仅用一只电阻(主电路为 R_1、R_2、R_3,控制电路为 R_4)构成本相强制触发电路,其阻值可用电位器代替 R_1 试验决定。调节电位器阻值,使双向晶闸管两端交流电压减到 $2\sim5$V,此时电位器阻值即为触发电阻值,通常为 $75\Omega\sim3\mathrm{k}\Omega$,功率小于 2W。

2. 单相交流过零触发开关及单相交流调功器

(1)交流过零触发开关

移相触发控制使电路中的正弦波出现缺角,包含较大的高次谐波。为了克服此缺点,可采用过零触发。过零触发电路在电压为零或零附近给晶闸管以触发脉冲使晶闸管瞬间导通,同时利用管子电流小于维持电流使管子自行关断,使晶闸管工作状态始终处于全导通或全阻断,这种工作方式称为过零触发。交流过零触发开关电路就是利用过零触发方式来控制晶闸管导通与关断。它被用来实现在设定的周期 T_C 范围内,将电路接通几个周波 nT,然后断开几个周波,通过改变晶闸管在设定周期内通断时间的比例,达到调节负载两端交流电压即负载功率的目的。因而这种装置也称调功器或周波(波形个数)控制器。如果设定周期 T_C 内导通的周波数为 n,每个周波的周期为 T,则调功器的输出功率为

$$P = \frac{nT}{T_C} P_n$$

调功器输出电压有效值为

$$U = \sqrt{\frac{nT}{T_C}} U_n$$

其中,P_n、U_n 为设定周期 T_C 内全导通时装置的输出功率与电压有效值。因此,改变导通周波数 n,即可改变输出电压或功率。如图 3-21 所示为过零触发调节周波输出电压波形的两种工作方式。

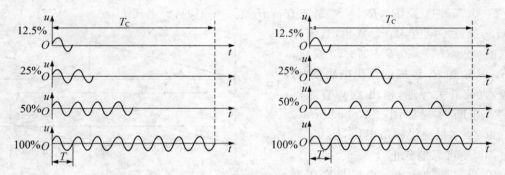

图 3-21 过零触发输出电压波形

过零触发虽然没有移相触发时的高次谐波干扰,但其通断频率比电源频率低,特别当通断比太小时,会出现低频干扰,使照明出现人眼能察觉到的闪烁、电表指针出现摇摆等。所以,调功器通常用于热惯性较大的电热负载。

(2)单相交流调功器

调功器主电路可以用双向晶闸管,也可以用两只普通晶闸管反并联连接构成。触发电路可以采用集成过零触发器,也可利用分立元器件组成的过零触发电路。如图 3-22 所示为全波连续式的过零触发电路。电路由锯齿波产生、信号综合、直流开关、同步电压与过零脉冲输出五个环节组成。工作原理如下:

① 锯齿波是由单结晶体管 T_8、R_1、R_2、R_3、R_{P1} 和 C_1 组成的张弛振荡器产生,经射极跟随器(T_1、R_4)输出,锯齿波的底宽为 T_C,调节电位器 R_{P1} 即可改变锯齿波的斜率。锯齿波的斜率减小,意味着锯齿波底宽(T_C)增大,反之底宽(T_C)减小。

② 控制电压($-U_C$)与锯齿波电压进行电流叠加后,得到合成电压 u_S 送至 T_2 的基极。当 $u_S > 0.7V$ 时,T_2 导通;$u_S < 0.7V$ 时,T_2 截止。

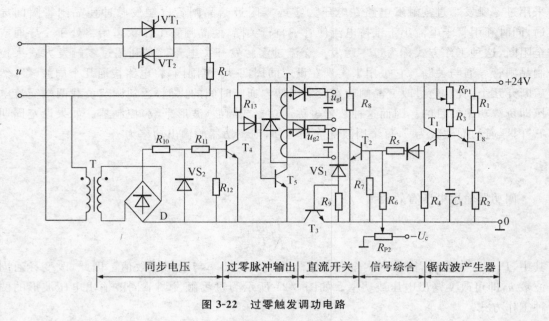

图 3-22　过零触发调功电路

③ 由 T_2、T_3 及 R_8、R_9、VS_1 组成直流开关。当 T_2 基极电压 $U_{BE2} > 0.7V$ 时，T_2 管导

通，U_{BE3} 接近零电位，T_3 管截止，直流开关阻断。当 $U_{BE2} < 0.7V$ 时，T_2 截止，由 R_8、VS_1 和 R_9 组成的分压电路使 T_3 导通，直流开关导通，输出 24V 直流电压，T_3 通断时刻如图 3-23（c）所示。VS_1 为 T_3 基极提供阈值电压，使 T_2 导通时，T_3 更可靠地截止。

④ 过零脉冲输出。由同步变压器 T，整流桥 D 及 R_{10}、R_{11}、VS_2 组成削波同步电源，如图 3-23（d）所示。它与直流开关输出电压共同去控制 T_4 和 T_5，只有当直流开关导通期间，T_4、T_5 集电极和发射极之间才有工作电压，才能进行工作。在这期间，同步电压每次过零时，T_4 截止，其集电极输出正电压，使 T_5 由截止变为导通，经脉冲变压器输出触发脉冲使晶闸管导通，如图 3-23（e）所示。于是在直流开关导通期间，输出连续的正弦波，如图 3-23（f）所示。

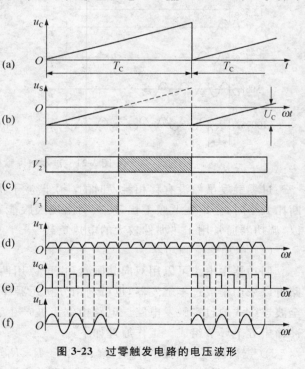

图 3-23　过零触发电路的电压波形

控制原理：调节电位器 R_{P_1}，即可改变 T_C。R_{P_1} 增大，T_C 减小。调节控制电压 $|-U_C|$，即可改变 nT，$|-U_C|$ 越大，nT 越大。

3. 固态开关

固态开关是一种无触点通断电子开关，相当于电磁继电器，也称为固态继电器或固态接触器有两个输入控制端，两个输出受控端。它采用了高耐压的专用光耦合器。当施加输入信号后，其主电路是导通状态，无信号时呈阻断状态。固态开关较之电磁继电器具有工作可靠、寿命长、对外界干扰小、能与逻辑电路兼容、抗干扰能力强及开关速度快等一系列优点。它有很广泛的应用领域，有逐步取代传统的电磁继电器的趋势等。

固态继电器是将 MOSFET、GTR、普通晶闸管或双向晶闸管等按一定的原理组合在一起，并与触发驱动电路封装在一个外壳中的模块，而且驱动电路与输出电路隔离。常以双向晶闸管为基础构成无触点通断器件。

如图 3-24(a)所示为采用光电三极管耦合器的"0"压固态开关内部电路。

如图 3-24(b)所示为光耦合器"0"电压开关。由输入端 1、2 输入信号，光耦合器 VL 中的光控晶闸管导通；电流经 3→VD_4→VL→VD_1→R_4→4 构成回路；借助 R_4 上的电压降向双向晶闸管 VT 的控制极提供电流，使 VT 导通。由 R_3、R_2 与 T 组成"0"电压开关功能电路，即当电源电压过"0"并升至一定幅值时，T 导通，光控晶闸管则被关断。

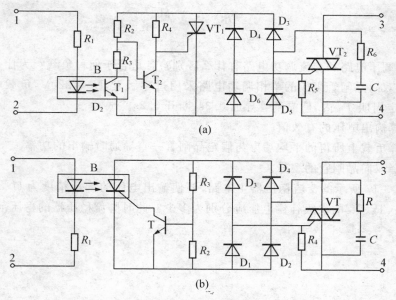

图 3-24　固态开关电路

4. 带过零触发电路的晶闸管交流开关模块

目前，晶闸管的制造工艺和应用技术已相当成熟，正向着体积更小、重量更轻、结构更紧凑、可靠性更高、内部接线电路各异和功能不同的模块化方向发展，也出现了把过零触发电路、保护电路和晶闸管芯片混合集成在同一外壳内的带过零触发的晶闸管交流开关模块。交流开关模块是一种四端无触点的电子开关，它由两个反并联晶闸管芯片和一个过零触发电路组成，并混合集成在同一个绝缘树脂外壳内，如图 3-25 所示。形成输入、输出端与铜底板之间绝缘的绝缘型模块，其绝缘耐压≥2500V。当输入端施加触发信号后，其主电路即呈导通状态，而无触发信号时，即呈阻断状态，但因触发电路是过零触发，所以输出器件的导通时刻将延迟到交流正弦波电压零点交越附近（一般为±10V 左右）。

　　晶闸管交流开关模块的应用范围已很广泛，使用技术亦很成熟。带过零触发电路交流开关模块已在交流电机软起动器，各种工业加热、烘箱、烘房加热的自动功率调节系统，钢厂轧机传送带、起重机等驱动系统中大量使用，使整机的机械结构紧凑、简化、体积缩小、重量减轻、可靠性提高。特别是将交流开关模块用在 TSC 型静止无功补偿器以替代机械式接触器后，不但可以实现免维护，省去大量维修和更换工作量，而且可以在电源电压过零时投入补偿

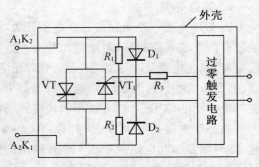

图 3-25　交流开关模块内部电连接图

电容量，从而避免了冲击电流的产生和瞬间电网电压的波动，实现快速的无功功率补偿。现在晶闸管交流开关模块已成为机电一体化和工业自动化的基础元器件，必将获得更大的发展。

练　习

　　1. 交流调压电路和交流调功电路有什么区别？各适合于何种负载？为什么？

　　2. 采用双向晶闸管组成的单相调功电路采用过零触发，$U_2 = 220V$，负载电阻 $R = 1\Omega$，在控制的设定周期 T_C 内，使晶闸管导通 0.3s，断开 0.2s。试：

　　(1) 计算输出电压的有效值。

　　(2) 计算负载上所得的平均功率与假定晶闸管一直导通时输出的功率。

　　(3) 选择双向晶闸管的型号。

　　3. 如图 3-17 所示的交流稳压器主电路，要使输出电压的稳压精度为 $U_N \pm 3\%$ V，则补偿变压器 T_1、T_2、T_3 的次级补偿电压应分别为多少？此时脚流稳压器的稳压范围为多少？

项目四 逆变电路

本项目是目前应用极为广泛的逆变实际应用电路。通过一个小功率方波逆变器,使学生建立初步的无源逆变的基本概念和分析方法。进一步利用交流电动机的串级调速原理,巩固有源逆变电路的实际应用,获得逆变电路的应用技能。

模块一 小功率方波逆变器

一、教学目标

1. 终极目标

能够根据要求制作简单的小功率逆变器。

2. 促成目标

(1)能知道逆变器的作用、种类及特征。

(2)能懂得逆变器的基本工作原理。

(3)能掌握脉宽调制(PWM)技术。

二、工作任务

这里介绍的 DC/AC 逆变器主要由方波信号发生器、场效应管驱动电路、MOS 场效应管开关电路、电源变压器组成,如图 4-1 所示,能实现对 DC12V 到 AC220V 的变换。其工作任务是:

(1)认识电路中的元器件,并知道在电路中起什么作用;

(2)读懂电路图,确定元器件的参数;

(3)制作一个简单的小功率逆变器,调试并达到预期的要求。

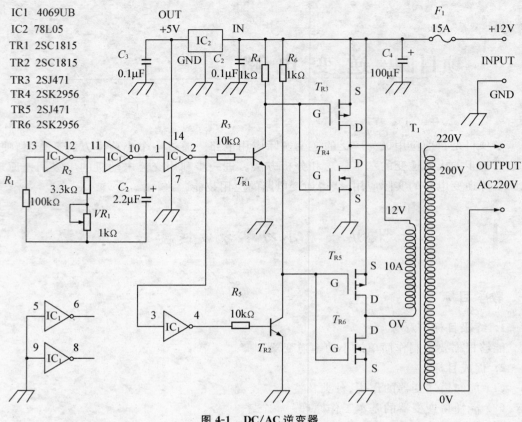

图 4-1　DC/AC 逆变器

三、相关实践知识

1. 逆变的定义

在生产实践中,存在着把直流电转变成交流电的要求,这种对应于整流的逆向过程,定义为逆变。逆变分为有源逆变与无源逆变。交流侧接电网,把直流电逆变成交流电并回馈给电网的逆变称为有源逆变,例如,卷扬机下降货物或电力机车下坡行驶时,使直流电动机作为发电机制动运行,货物的势能或电力机车的位能转变为电能回送到交流电网中去。有源逆变常用于直流电动机的可逆调速系统、交流绕线异步电动机的串级调速等。而交流侧接负载,把直流电逆变成交流电并提供给负载的逆变称为无源逆变,例如,交流电机调速用变频器、不间断电源(UPS、EPS)、感应加热电源等电力电子装置的核心部分都是无源逆变电路。

2. 逆变器的种类

无源逆变将直流电转变为负载所需要的电压和频率值的交流电,实现无源逆变的装置称为无源逆变器(简称逆变器)或逆变电源。

(1) 根据直流侧电源性质的不同,逆变电路分为电压型逆变电路与电流型逆变电路。直流侧为电压源或并联大电容,直流侧电压基本无脉动,输出电压为矩形波,输出电流因负载阻抗不同而不同的称为电压型逆变电路;直流侧串大电感,相当于电流源,交流输出电流为矩形波,输出电压波形和相位因负载不同而不同的称为电流型逆变电路。

（2）根据逆变电源的用途分，可分为简易逆变电源、不间断电源（uninterruptable power supply，UPS）和应急电源（emergency power supply，EPS）。简易逆变电源要求较低，市电掉电到逆变供电之间没有时间要求，输出波形为方波或正弦波，如家用逆变电源、车载逆变电源等。不间断电源（UPS）要求较高，输出波形为正弦波，可分为后备式、在线式以及介于两者之间的在线互动式（见6、不间断电源）。应急电源（EPS）主要用于满足消防行业的特殊要求，当建筑物发生火灾或其他紧急事件后，作为疏散照明和其他重要的一级供电负荷提供集中供电。它具备手动、自动转换及供专业人员操作的强制启动按钮，在交流市电正常时，由交流市电经过互投装置给重要负载供电；当交流市电断电后，互投装置将立即投切至应急电源供电，供电时间由蓄电池的容量决定，一般超载120%能正常工作。

3. 逆变电源的作用

有了逆变电源，即使没有市电，我们也可以利用直流电（蓄电池、燃料电池等）转换成交流电为各种设备提供短时的稳定电源，如电脑、电梯、银行设备、医疗设备、电信设备、电力设备以及各类仪器等。逆变电源广泛用于各类交通工具，如汽车、各类舰船以及飞行器等；在太阳能及风能发电领域，逆变器有着不可替代的作用。

4. 逆变器的工作原理

（1）方波信号发生器（见图4-2）

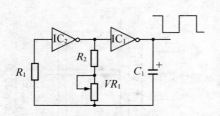   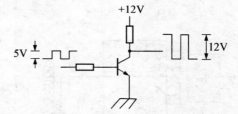

图 4-2　方波信号发生器　　　　图 4-3　场效应管驱动电路

这里采用六反相器 CD4069 构成方波信号发生器。电路中 R_1 是补偿电阻，用于改善由于电源电压的变化而引起的振荡频率不稳。电路的振荡是通过电容 C_1 充放电完成的。其振荡频率为 $f=1/2.2RC$。图示电路的最大频率为：$f_{max}=1/(2.2 \times 3.3 \times 10^3 \times 2.2 \times 10^{-6})=62.6$Hz；最小频率 $f_{min}=1/(2.2 \times 4.3 \times 10^3 \times 2.2 \times 10^{-6})=48.0$Hz。由于元件的误差，实际值会略有差异。其他多余的反相器，输入端接地以避免影响其他电路。

由于方波信号发生器输出的振荡信号电压最大振幅为 0～5V，为充分驱动电源开关电路，将振荡信号电压放大至 0～12V（见图4-3）。

（2）MOS 场效应管开关电路（见图4-4）

电路将一个增强型 P 沟道 MOS 场效应管和一个增强型 N 沟道 MOS 场效应管组合在一起使用。当输入端为低电平时，P 沟道 MOS 场效应管导通，输出端与电源正极接通；当输入端为高电平时，N 沟道 MOS 场效应管导通，输出端与电源地接通。在该电路中，P 沟道 MOS 场效应管和 N 沟道 MOS 场效应管总是在相反的状态下工作，其相位输入端和输出端相反。通过这种工作方式我们可以获得较大的电流输出。同时由于漏电流的影响，使得栅压在还没有到 0V，通常在栅极电压小于 1 到 2V 时，MOS 场效应管即被关断。不同场效应管其关断电压略有不同。也正因为如此，使得该电路不会因为两管同时导通而造成电源短路。

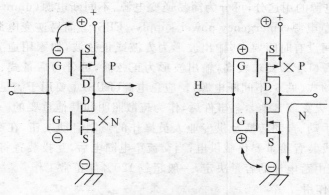

图 4-4　MOS 场效应管开关电路

　　由以上分析我们可以画出原理图中 MOS 场效应管电路部分的工作过程(见图 4-5),工作原理同前所述。这种低电压、大电流、频率为 50 Hz 的交变信号通过变压器的低压绕组时,会在变压器的高压侧感应出高压交流电压,完成直流到交流的转换。这里需要注意的是,在某些情况下,如振荡部分停止工作时,变压器的低压侧有时会有很大的电流通过,所以该电路的保险丝不能省略或短接。

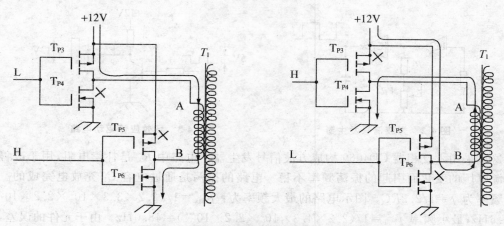

图 4-5　MOS 场效应管电路部分的工作过程

5. 逆变器的制作

　　所用元器件可参考图 4-6。逆变器用的变压器采用次级为 12V、电流为 10A、初级电压为 220V 的成品电源变压器。P 沟道 MOS 场效应管(2SJ471)最大漏极电流为 30A,在场效应管导通时,漏—源极间电阻为 25 mΩ。此时如果通过 10A 电流时会有 2.5W 的功率消耗。N 沟道 MOS 场效应管(2SK2956)最大漏极电流为 50A,场效应管导通时,漏—源极间电阻为 7 mΩ。此时如果通过 10A 电流时消耗的功率为 0.7W。由此我们也可知在同样的工作电流情况下,2SJ471 的发热量约为 2SK2956 的 4 倍。所以在考虑散热器时应注意这点(注:元器件可用其他符合要求的型号替换)。

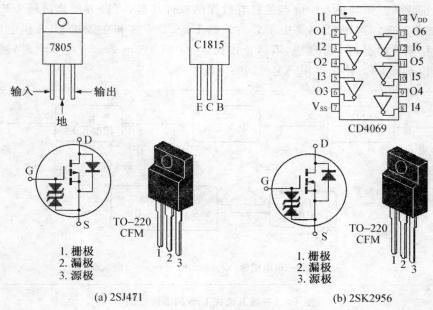

图 4-6 元器件引脚图

6. 不间断电源(UPS)

(1) 在线式 UPS 的原理框图如图 4-7 所示,主要由整流器、逆变器、静态转换开关和后备电池组成。输出的交流电源是经过逆变器重新产生,其电压、波形频率由 UPS 本身控制,具有稳压、稳频、净化和不间断等功能。对在线式 UPS,结构较复杂,成本较高,市电掉电到 UPS 供电之间没有转换时间,在线工作,其供电质量优于后备式 UPS,在线式的输出电压稳定率一般在 2% 以内。目前大多数 UPS,特别是大功率 UPS 均为在线式。

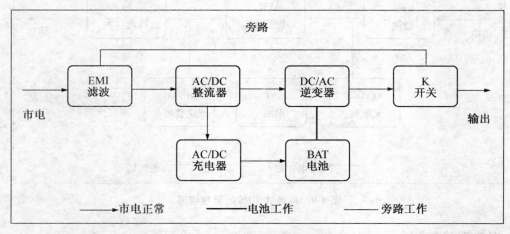

图 4-7 在线式 UPS 的原理框图

(2) 在线互动式 UPS 原理框图如图 4-8 所示,其逆变器与充电器合二为一。在输入市电正常时,UPS 的逆变器处于反向工作(即充电工作状态),给电池组充电;在市电异常时逆变器立刻转为逆变工作状态,将电池组电能转换为交流电输出,因此在线互动式 UPS 有转换时间。同后备式 UPS 相比,在线互动式 UPS 的保护功能较强,逆变器输出电压波形较好,一般为正弦波。而其最大的优点是具有较强的软件功能,可以方便地进行 UPS 的远程控制和智能化管理。这种 UPS 集中了后备式的 UPS 效率高和在线式 UPS 供电质量高的特点,但其稳频性能不是十分理想,不适合作长延时的 UPS 电源。市电掉电时转换开关存在断开时间,导致 UPS 输出存在一定时间的电能中断。

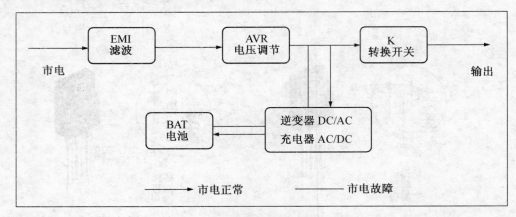

图 4-8　在线互动式 UPS 的原理框图

（3）后备式 UPS 的原理框图如图 4-9 所示,主要由充电器、蓄电池、逆变器、电压自动调节等组成。后备式 UPS 具有电路简单、成本低、可靠性高的优点,但是其输出电压稳定精度稍差(一般在 5% 左右),市电掉电到逆变供电之间有一个转换时间,转换时间一般小于 5ms。另外,受切换电流和动作时间的限制,输出功率一般较小。目前市场上销售的这种 UPS 均为小功率,一般在 2kVA 以下,如为个人电脑、办公自动化设计的经济实用型 UPS。

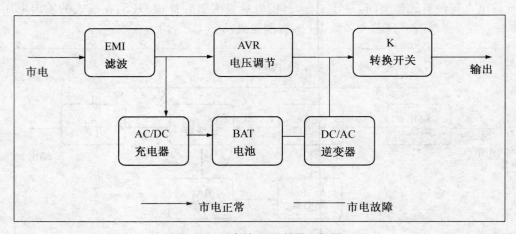

图 4-9　后备式 UPS 的原理框图

四、相关理论知识

1. 逆变器的基本工作原理

如图 4-10 所示为单相桥式逆变电路拓扑结构图,$Q_1 \sim Q_4$ 是桥式电路的 4 个臂,由电力电子器件及辅助电路组成,E 为直流输入电压,R 为负载电阻。当开关 Q_1、Q_4 闭合,Q_2、Q_3 断开时,负载电压 u_o 为正;当 Q_1、Q_4 断开,Q_2、Q_3 闭合时,u_o 为负。若以频率 f 交替切换

Q_1、Q_4 和 Q_2、Q_3，在电阻上就可以得到图 4-11 所示的电压波形。此时直流电 E 通过逆变电路变成了交流电，改变两组开关的切换频率，即可改变输出交流电的频率。随着电压的变化，电流流通也从一个支路转移到另外一个支路，通常将这一过程称为换相。

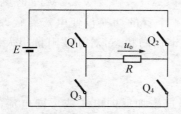

图 4-10 单相桥式逆变电路拓扑结构

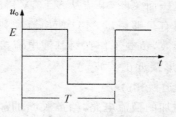

图 4-11 电压波形

在换相过程中，支路从断态转为通态时，无论支路是由全控型还是半控型电力电子器件组成的，只要有适当的门极驱动信号，就可使其开通。但支路从通态转为断态时，全控型器件可通过门极的控制使其关断，而对于半控型器件的晶闸管，必须利用外部条件或采取其他措施才能使其关断。一般在晶闸管电流过零后施加一定时间的反向电压，才能关断。对逆变器来说，换相是一个较为关键的问题。

换相方式主要有以下几种：

（1）器件换相

利用全控型器件的自关断能力进行换相。在采用 IGBT、电力 MOSFET、GTO、GTR 等全控型器件的电路中的换相方式是器件换相。

（2）电网换相

电网提供换相电压的换相方式。将负的电网电压施加在欲关断的晶闸管上即可使其关断，不需要器件；具有门极可关断能力，适用于可控整流电路、三相交流调压电路、采用相控方式的交变频电路；但不适用于没有交流电网的无源逆变电路。

（3）负载换相

由负载提供换相电压的换相方式。负载电流的相位超前于负载电压的场合，都可实现负载换相。如负载为电容性负载或同步电动机时，可实现负载换相。如图 4-12 所示逆变电路，4 个桥臂均由晶闸管组成，负载是电阻电感串联后再和电容并联，工作在接近并联谐振

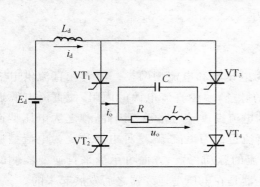

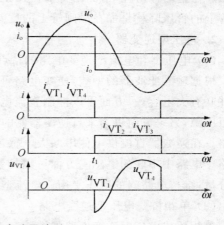

图 4-12 单相桥式逆变电路及波形

状态而略呈容性。直流侧串入大电感 L_d，工作过程中可认为 i_d 基本没有脉动。其工作过程如下：t_1 时刻前，VT_1、VT_4 为通态，VT_2、VT_3 为断态，u_o、i_o 均为正，VT_2、VT_3 上施加的电压即为 u_o。t_1 时刻触发 VT_2、VT_3 使其开通，u_o 通过 VT_2、VT_3 分别加到 VT_4、VT_1 上使其承受反向电压而关断，电流从 VT_1、VT_4 换到 VT_3、VT_2，触发 VT_2、VT_3 时刻，t_1 必须在 u_o 过零前并留有足够裕量，才能使换流顺利完成。4 个臂的切换仅使电流路径改变，负载电流基本呈矩形波，负载工作在对基波电流接近并联谐振的状态，对基波阻抗很大而对谐波阻抗很小，u_o 波形接近正弦波。

（4）强迫换相

设置附加的换流电路，给欲关断的晶闸管强迫施加反向电压或反向电流的换相方式称为强迫换相。

图 4-13(a)所示电路称为直接耦合式强迫换相电路。该方式中，由换相电路内电容直接提供换相电压，晶闸管 VT 通态时，预先给电容 C 按图图 4-13(a)所示极性充电。合上开关 S，就可使晶闸管被施加反向电压而关断。

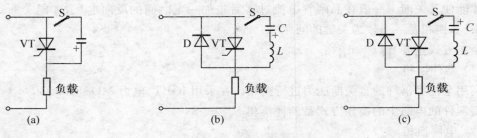

图 4-13　强迫换相电路

图 4-13(b)、(c)所示电路，称为电感耦合式强迫换相。该方式中，通过换相电路内电容和电感的耦合提供换相电压或换相电流。图 4-13(b)中，接通 S 后，LC 振荡电流将反向流过 VT，与 VT 的负载电流相减，直到 VT 的合成正向电流减至零后，再流过二极管 D。图 4-13(c)中，接通 S 后，LC 振荡电流先正向流过 VT 并和 VT 中原有的负载电流叠加，经过半个振荡周期后，振荡电流反向流过 VT，直到 VT 的合成正向电流减至零后，再流过二极管 D。在这两种情况下，晶闸管都是在正向电流减至零且二极管开始流过电流时关断。二极管上的管压降就是加在晶闸管上的反向电压。

2. 电压型逆变器

（1）电压型和电流型逆变电路的特点

根据输入滤波器的型式，逆变电路可分为电压型和电流型两类。前者在直流供电输入端并联有大电容，一方面可以抑制直流电压的脉动，减少直流电源的内阻，使直流电源近似为恒压源；另一方面也为来自逆变器侧的无功电流提供导通路径。因此，称之为电压型逆变电路。在逆变器直流供电侧串联大电感，使直流近似为恒流源，这种电路称之为电流型逆变电路。电路中串联的电感一方面可以抑制直流的脉动，另一方面可承受来自逆变器侧的无功分量，维持电路间的电压平衡。电流型逆变器是在电压型逆变器之后发展起来的。

（2）单相桥式电压型逆变电路

单相桥式电压型逆变电路如图 4-14 所示，它采用了 4 个 IGBT 作全控开关器件。直流

电压 U_d 两端接大电容 C,使电源电压保持基本稳定,电路共四个桥臂,桥臂 1 和 4 为一对,桥臂 2 和 3 为另一对。

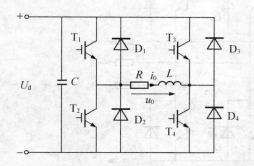

图 4-14　单相桥式电压型逆变电路

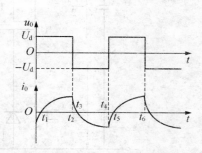

图 4-15　单相桥式电压型逆变电路波形

设开关器件 T_1、T_4 和 T_2、T_3 栅极信号在一周期内各半周正偏、半周反偏,两者互补,两对交替各导通 $180°$。当负载为感性时,工作波形如图 4-15 所示,u_o 为矩形波,其中 $U_m = U_d$。输出电流 i_o 波形随负载情况而异,0 时刻给 T_2、T_3 关断信号,给 T_1、T_4 开通信号,由于感性负载中 i_o 不能立即改变方向,$0 \sim t_1$ 时刻 D_1、D_4 续流导通,$t_1 \sim t_2$ 时刻 T_1、T_4 通;t_2 时刻给 T_1、T_4 关断信号,给 T_2、T_3 开通信号,则 $t_2 \sim t_3$ 时刻 D_2、D_3 续流导通,$t_3 \sim t_4$ 时刻 T_2、T_3 通。

可采用移相方式调节逆变电路的输出电压,称为移相调压。如图 4-16 所示,各栅极信号为 $180°$ 正偏,$180°$ 反偏,且 T_1 和 T_2 互补、T_3 和 T_4 互补关系不变,但 T_3 的基极信号比 T_1 落后 $\theta(0 < \theta < 180°)$,$u_o$ 成为正负宽度各为 θ 的脉冲,改变 θ 即可调节输

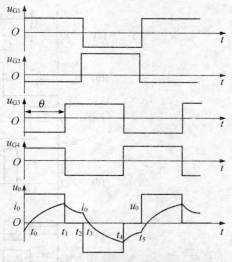

图 4-16　单相桥式电压型逆变电路波形

出电压有效值。$0 \sim t_0$ 时刻 D_1、D_4 续流导通,$t_0 \sim t_1$ 时刻 T_1、T_4 通,$t_1 \sim t_2$ 时刻 T_1、D_3 通,$t_2 \sim t_3$ 时刻 D_2、D_3 续流导通,$t_3 \sim t_4$ 时刻 T_2、T_3 通,$t_4 \sim t_5$ 时刻 T_2、D_4 通。下周期一样循环。

(3) 三相桥式电压型逆变电路

三相桥式电压型逆变电路主电路如图 4-17 所示,电路采用电力晶体管作为可控器件,由 3 个半桥即 6 个桥臂组成。电压型三相桥式逆变电路也是 $180°$ 导电方式,每桥臂导电角度 $180°$,同一相上下两臂交替导通,各相开始导电的角度依次相差 $120°$。在任一瞬间将有 3 个桥臂同时导通,每次换流都是在同一相上下两臂之间进行,也称为纵向换流。6 个管子导通的顺序为 T_1 至 T_6。

将逆变器输出电压分别称为 U 相、V 相和 W 相。对 U 相来说,当 T_1 导通时,$u_{UN'} = U_d/2$;当 T_4 导通时,$u_{UN'} = -U_d/2$,因此 $u_{UN'}$ 的波形幅值是为 $U_d/2$ 的矩形波。V、W 两相情况和 U 相类似,$u_{VN'}$、$u_{WN'}$ 的波形形状与 $u_{UN'}$ 相同,只是依次相差 $120°$,分别如图 4-18(a)、(b)、(c)所示。

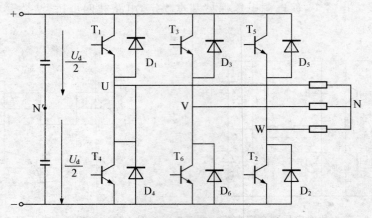

图 4-17　三相桥式电压型逆变电路主电路

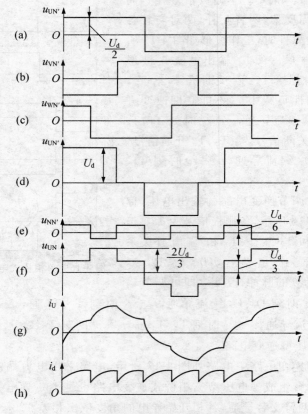

图 4-18　三相桥式电压型逆变电路主电路

逆变器的负载相电压为

$$\begin{cases} u_{UN} = u_{UN'} - u_{NN'} \\ u_{VN} = u_{VN'} - u_{NN'} \\ u_{WN} = u_{WN'} - u_{NN'} \end{cases}$$

逆变器的负载线电压为

$$\begin{cases} u_{UV} = u_{UN'} - u_{VN'} \\ u_{VW} = u_{VN'} - u_{WN'} \\ u_{WU} = u_{WN'} - u_{UN'} \end{cases}$$

u_{UN}、u_{UV} 的电压波形分别如图 4-18(f)、(d)所示。

设负载中性点 N 与直流电源假定中性点 N' 之间的电压为 $u_{UN'}$，将上两式整理得负载中点 N 和电源假定中性点 N' 之间电压 $u_{NN'}$ 为

$$u_{NN'} = \frac{1}{3}(u_{UN'} + u_{VN'} + u_{WN'}) - \frac{1}{3}(u_{UN} + u_{VN} + u_{WN})$$

若负载为三相对称负载，则有 $u_{UN} + u_{VN} + u_{WN} = 0$，可得

$$u_{NN'} = \frac{1}{3}(u_{UN'} + u_{VN'} + u_{WN'})$$

$u_{NN'}$ 的波形也是矩形波，但其频率为 $u_{UN'}$ 频率的 3 倍，幅值为其 1/3，即为 $U_d/6$，其波形如图 4-18(e)所示。

若负载参数已知时，可由 u_{UN} 波形求出 U 相电流 i_U 波形，负载的阻抗角 φ 不同，i_U 的波形形状和相位都有所不同，桥臂 1 和桥臂 4 之间的换流过程和半桥电路相似。上桥臂 1 中的 T_1 从通态转换到断态时，因负载电感中的电流不能突变，下桥臂 4 中的 D_4 先导通续流，待负载电流降为零，桥臂 4 中电流反向时，T_4 才开始导通。负载的阻抗角 φ 越大，D_4 导通时间越长。i_U 的上升段为桥臂 1 导电的区间，其中 $i_U < 0$ 时为 D_1 导通，$i_U > 0$ 时为 T_1 导通。i_U 的下降段为桥臂 4 导电的区间，其中 $i_U > 0$ 时为 D_4 导通，$i_U < 0$ 时为 T_4 导通，i_V、i_W 的波形和 i_U 形状相同，相位依次相差 120°。图 4-18(g)所示波形为感性负载 $\varphi < 60°$ 时的 i_U 波形。

桥臂 1、3、5 的电流相加可得直流侧电流 i_d 的波形，i_d 每隔 60° 脉动一次，直流侧电压基本无脉动，因此逆变器从交流侧向直流侧传送的功率是脉动的，这也是电压型逆变电路的一个特点。如图 4-18(f)所示波形为直流侧电流 i_d 波形。

3. 电流型逆变器

(1) 单相桥式电流型逆变电路

单相桥式电流型逆变电路如图 4-19 所示，桥臂串入 4 个电感器，用来限制晶闸管开通时的电流上升率 di/dt。$VT_1 \sim VT_4$ 以 1000~5000Hz 的中频轮流导通，可以在负载得到中频电流。电路采用负载换流方式，要求负载电流要超前电压一定的角度。负载一般是电磁感应线圈，用来加热线圈的导电材料。等效为 R、C 串联电路。并联电容 C，主要为了提高功率因数。同时，电容 C 和 R、L 可以构成并联谐振电路，因此，这种电路也叫并联谐振式逆变电路。

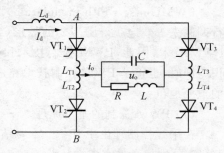

图 4-19 单相桥式电流型逆变主电路

（2）三相桥式电流型逆变电路

三相桥式电流型逆变电路如图 4-20 所示，直流侧串联有大电感，相当于电流源，直流侧电流基本无脉动，直流回路呈现高阻抗。图中 GTO 使用反向阻断型器件，交流侧电容器是为吸收换流时负载电感中存储的能量而设计的。电路中开关器件的作用只是改变直流电流的流通路径，与负载阻抗角无关。交流侧输出电压波形和相位因负载阻抗情况的不同而不同。当交流侧为电感负载时需要提供无功功率，直流侧电感起缓冲无功能量的作用，不必给开关器件反并联二极管。

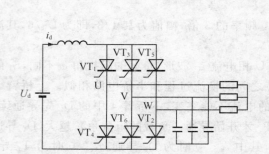

图 4-20　三相桥式电流型逆变主电

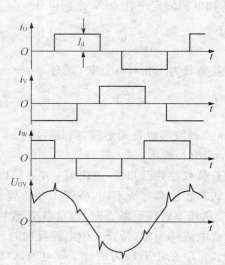

图 4-21　三相桥式电流型逆变电路波形

三相桥式电流型逆变电路基本工作方式是 120° 导电方式，每个臂一周内导电 120° 按 VT_1 至 VT_6 的顺序每隔 60° 依次导通。例如触发 VT_6、VT_1 导通时，$i_U = i_d$，$i_V = -i_d$；间隔 60° 后，触发 VT_1、VT_2 导通，$i_U = i_d$，$i_W = -i_d$，以此类推。这样，每时刻上下桥臂组各有一个臂导通，换相时是在共阴极组或共阳极组内依次换相，是横向换相。

如图 4-21 所示为三相桥式电流型逆变电路的电流电压波形。电流波形为矩形波，线电压波形在电感性负载情况下近似为正弦波。

4. 脉宽调制（PWM）型逆变电路

PWM（pulse width modulation）控制就是脉宽调制技术，即通过对一系列脉冲的宽度进行调制来等效地获得所需要的波形（含形状和幅值）。现在使用的各种逆变电路都采用了 PWM 技术，因此，PWM 控制技术和逆变电路相结合，才能使我们对逆变电路有完整地认识。同时，也正是 PWM 控制技术在逆变电路中的成功应用，才确定了它在电力电子技术中的重要地位。

（1）PWM 控制的基本原理

在采样控制理论中有一个重要结论：冲量（脉冲的面积）相等而形状不同窄脉冲（见图 4-22），分别加在具有惯性环节的输入端，其输出响应波形基本相同。也就是说尽管脉冲形状不同，但只要脉冲面积相等，其作用的效果也就基本相同。这就是 PWM 控制的重要理论依据。

一个正弦半波完全可以用等幅不等宽的脉冲列来等效，但必须做到正弦半波所等分的

6块阴影面积与相对应的6个脉冲列的阴影面积相等,其作用的效果就基本相同。对于正弦波的负半周,用同样方法可得到PWM波形来取代正弦负半波。如图4-23所示,在PWM波形中,各脉冲的幅值是相等的,若要改变输出电压等效正弦波的幅值,只要按同一比例改变脉冲列中各脉冲的宽度即可。所以U_d直流电源采用不可控整流电路获得,不但使电路输入功率因数接近于1,而且整个装置控制简单,可靠性高。

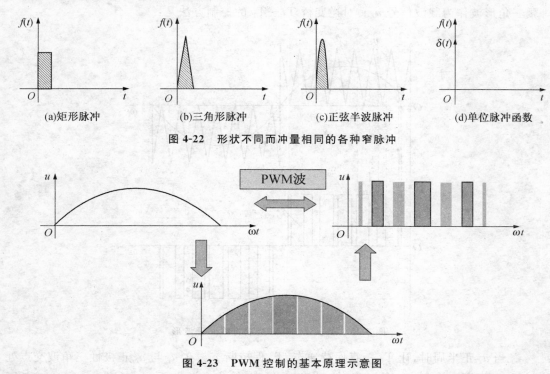

(a)矩形脉冲   (b)三角形脉冲   (c)正弦半波脉冲   (d)单位脉冲函数

图 4-22 形状不同而冲量相同的各种窄脉冲

图 4-23 PWM 控制的基本原理示意图

下面分别介绍单相和三相 PWM 型变频电路的控制方法与工作原理。

1)单相桥式 PWM 逆变电路工作原理

电路如图 4-24 所示,采用 IGBT 作为逆变电路的自关断开关器件。设负载为电感性,控制方法可以有单极性与双极性两种。

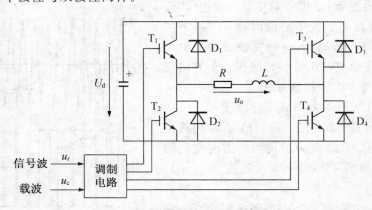

图 4-24 单相桥式 PWM 变频电路

① 单极性 PWM 控制方式工作原理

按照 PWM 控制的基本原理,如果给定了正弦波频率、幅值和半个周期内的脉冲个数,PWM 波形各脉冲的宽度和间隔就可以准确地计算出来。依据计算结果来控制逆变电路中各开关器件的通断,就可以得到所需要的 PWM 波形。但是这种计算很繁琐,较为实用的方法是采用调制控制,如图 4-25 所示,把所希望输出的正弦波作为调制信号 u_r,把接受调制的等腰三角形波作为载波信号 u_c。对逆变桥 $T_1 \sim T_4$ 的控制方法是:

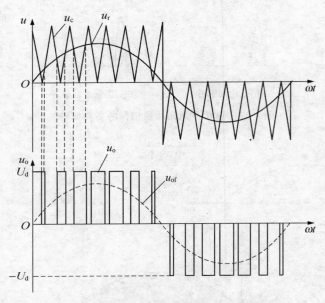

图 4-25　单极性 PWM 控制方式原理波形

a. 当 u_r 正半周时,让 T_1 一直保持通态,T_2 保持断态。在 u_r 与 u_c 正极性三角波交点处控制 T_4 的通断,在 $u_r > u_c$ 各区间,控制 T_4 为通态,输出负载电压 $u_o = U_d$。在 $u_r < u_c$ 各区间,控制 T_4 为断态,输出负载电压 $u_o = 0$,此时负载电流可以经过 D_3 与 T_1 续流。

b. 当 u_r 负半周时,让 T_2 一直保持通态,T_1 保持断态。在 u_r 与 u_c 负极性三角波交点处控制 T_3 的通断。在 $u_r < u_c$ 各区间,控制 T_3 为通态,输出负载电压 $u_o = -U_d$。在 $u_r > u_c$ 各区间,控制 T_3 为断态,输出负载电压 $u_o = 0$,此时负载电流可以经过 D 逆变电路输出的 u_o 为 PWM 波形,如图 4-25 所示,u_{of} 为 u_o 的基波分量。由于在这种控制方式中 PWM 波形只能在一个方向变化,故称为单极性 PWM 控制方式。

② 双极性 PWM 控制方式工作原理

电路仍然如图 4-24 所示,调制信号 u_r 仍然是正弦波,而载波信号 u_c 改为正负两个方向变化的等腰三角形波,如图 4-26 所示。对逆变桥 $T_1 \sim T_4$ 的控制方法是:

a. 在 u_r 正半周,当 $u_r > u_c$ 的各区间,给 T_1 和 T_4 导通信号,而给 T_2 和 T_3 关断信号,输出负载电

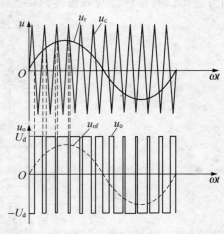

图 4-26　双极性 PWM 控制方式原理波形

压 $u_o = U_d$。在 $u_r < u_c$ 的各区间,给 T_2 和 T_3 导通信号,而给 T_1 和 T_4 关断信号,输出负载电压 $u_o = -U_d$。这样逆变电路输出的 u_o 为两个方向变化等幅不等宽的脉冲列。

b. 在 u_r 负半周,当 $u_r < u_c$ 的各区间,给 T_2 和 T_3 导通信号,而给 T_1 和 T_4 关断信号,输出负载电压 $u_o = -U_d$。当 $u_r > u_c$ 的各区间,给 T_1 和 T_4 导通信号,而给 T_2 与 T_3 关断信号,输出负载电压 $u_o = U_d$。

双极性 PWM 控制的输出 u_o 波形,如图 4-26 所示,它为两个方向变化等幅不等宽的脉列。这种控制方式特点是:同一平桥上下两个桥臂晶体管的驱动信号极性恰好相反,处于互补工作方式。电感性负载时,若 T_1 和 T_4 处于通态,给 T_1 和 T_4 以关断信号,则 T_1 和 T_4 立即关断,而给 T_2 和 T_3 以导通信号。由于电感性负载电流不能突变,电流减小感生的电动势使 T_2 和 T_3 不可能立即导通,而是二极管 D_2 和 D_3 导通续流,如果续流能维持到下一次 T_1 与 T_4 重新导通,负载电流方向始终没有变,T_2 和 T_3 始终未导通。只有在负载电流较小无法连续续流的情况下,在负载电流下降至零,D_2 和 D_3 续流完毕,T_2 和 T_3 导通时,负载电流才反向流过负载。但是不论是 D_2、D_3 导通还是 T_2、T_3 导通,u_o 均为 $-U_d$。从 T_2、T_3 导通向 T_1、T_4 切换情况也类似。

(2) 三相桥式 PWM 变频电路的工作原理

电路如图 4-27 所示,本电路采用 GTR 作为电压型三相桥式逆变电路的自关断开关器件,负载为电感性。从电路结构上看,三相桥式 PWM 变频电路只能选用双极性控制方式,其工作原理如下:三相调制信号 u_{rU}、u_{rV} 和 u_{rW} 为相位依次相差 $120°$ 的正弦波,而三相载波信号是公用一个正负方向变化的三角形波 u_c,如图 4-28 所示。U、V 和 W 相自关断开关器件的控制方法相同。现以 U 相为例,在 $u_{rU} > u_c$ 的各区间,给上桥臂电力晶体管 T_1 以导通驱动信号,而给下桥臂 T_4 以关断信号,于是 U 相输出电压相对直流电源 U_d 中性点 N' 为 $u_{UN'} = U_d/2$。在 $u_{rU} < u_c$ 的各区间,给 T_1 以关断信号,T_4 为导通信号,输出电压 $u_{UN'} = -U_d/2$。如图 4-28 所示的 $u_{UN'}$ 波形就是三相桥式 PWM 逆变电路 U 相输出的波形(相对 N' 点)。

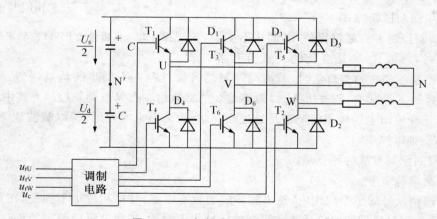

图 4-27 三相桥式 PWM 变频电路

图 4-27 电路中 $D_1 \sim D_6$ 二极管是为电感性负载换流过程提供续流回路的,其他两相的控制原理与 U 相相同。三相桥式 PWM 变频电路三相输出的 PWM 波形分别为 $u_{UN'}$、$u_{VN'}$ 和 $u_{WN'}$,如图 4-28 所示。U、V 和 W 三相之间的线电压 PWM 波形以及输出三相相对于负载中性点 N 的相电压 PWM 波形,读者可按下列计算式求得

$$线电压\begin{cases} u_{UV}=u_{UN'}-u_{VN'} \\ u_{VW}=u_{VN'}-u_{WN'} \\ u_{WU}=u_{WN'}-u_{UN'} \end{cases} \qquad 相电压\begin{cases} u_{UN}=u_{UN'}-\dfrac{1}{3}(u_{UN'}+u_{VN'}+u_{WN'}) \\ u_{VN}=u_{VN'}-\dfrac{1}{3}(u_{UN'}+u_{VN'}+u_{WN'}) \\ u_{WN}=u_{WN'}-\dfrac{1}{3}(u_{UN'}+u_{VN'}+u_{WN'}) \end{cases}$$

在双极性 PWM 控制方式中,理论上要求同一相上下两个桥臂的开关管驱动信号相反。但实际上,为了防止上下两个桥臂直通造成直流电源的短路,通常要求先施加关断信号,经过 Δt 的延时才给另一个施加导通信号。延时时间的长短主要由自关断功能率开关器件的关断时间决定。这个延时将会给输出 PWM 波形带来偏离正弦波的不利影响,所以在保证安全可靠换流前提下,延时时间应尽可能取小。

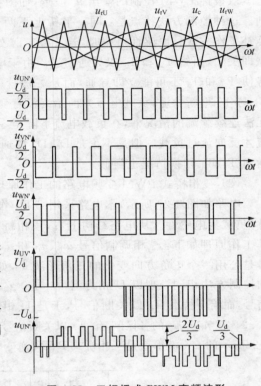

图 4-28　三相桥式 PWM 变频波形

(2) PWM 逆变电路的调制控制方式

在 PWM 逆变电路中,载波频率 f_c 与调制信号频率 f_r 之比称为载波比,即 $N=f_c/f_r$。根据载波和调制信号波是否同步,PWM 逆变电路有异步调制和同步调制两种控制方式。异步调制指载波信号和调制信号不同步的调制方式;同步调制指载波信号和调制信号保持同步的调制方式,当变频时使载波与信号波保持同步,即 N 等于常数。现分别介绍如下:

1) 异步调制控制方式

异步调制控制方式通常保持 f_c 固定不变,当 f_r 变化时,载波比 N 是变化的。三相电路中当载波比 N 不是 3 的整数倍时,载波与调制信号波就存在不同步的调制,就是异步调制三相 PWM,如 $f_c=10f_r$,载波比 $N=10$,不是 3 的整数倍。在异步调制控制方式中,通常 f_c 固定不变,逆变输出电压频率的调节是通过改变 f_r 的大小来实现的,所以载波比 N 也随时跟着变化,就难以同步。

异步调制控制方式的特点是:

① 控制相对简单。

② 在调制信号的半个周期内,输出脉冲的个数不固定,脉冲相位也不固定,正负半周的脉冲不对称。而且半周期内前后 1/4 周期的脉冲也不对称,输出波形就偏离了正弦波。

③ 载波比 N 愈大,半周期内调制的 PWM 波形脉冲数就愈多,正负半周不对称和半周内前后 1/4 周期脉冲不对称的影响就愈小,输出波形愈接近正弦波。所以在采用异步调制控制方式时,要尽量提高载波频率 f_c,使不对称的影响尽量减小,输出波形接近正弦波。

2) 同步调制控制方式

在三相逆变电路中当载波比 N 为 3 的整数倍时,载波与调制信号波能同步调制。

如图 4-29 所示为 $N=9$ 时的同步调制控制的三相 PWM 变频波形。

在同步调制控制方式中,通常保持载波比 N 不变,若要增高逆变输出电压的频率,必须同时增高 f_c 与 f_r,且保持载波比 N 不变,保持同步调制不变。

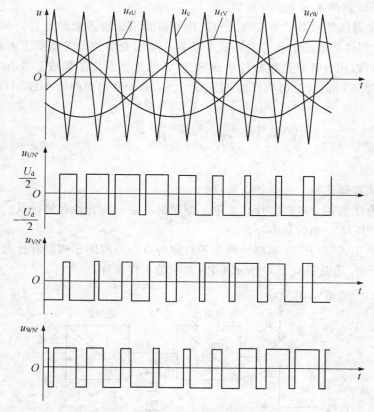

图 4-29 同步调制的三相 PWM 变频波形

同步调制控制方式的特点是:

① 控制相对较复杂,通常采用微机控制。

② 在调制信号的半个周期内,输出脉冲的个数是固定不变的,脉冲相位也是固定的。正负半周的脉冲对称,而且半个周期脉冲排列其左右也是对称的,输出波形等效于正弦。但是,当逆变电路要求输出频率 f_c 很低时,由于半周期内输出脉冲的个数不变,所以由 PWM 调制而产生 f_c 附近的谐波频率也相应很低,这种低频谐波通常不易滤除,而对三相异步电动机造成不利影响,例如电动机噪声变大、振动加大等。

为了克服同步调制控制方式低频段的缺点,通常采用"分段同步调制"的方法,即把逆变电路的输出频率范围划分成若干个频率段,每个频率段内都保持载波比为恒定,而不同频率段所取的载波比不同:

① 在输出高频率段时,取较小的载波比,这样载波频率不致过高,能在功率开关器件所允许的频率范围内。

② 在输出频率为低频率段时,取较大的载波比,这样载波频率不致过低,谐波频率也较高且幅值也小,也易滤除,从而减小了对异步电动机的不利影响。

　　综上所述,同步调制方式效果比异步调制方式好,但同步调制控制方式较复杂,一般要用微机进行控制。也有的电路在输出低频率段时采用异步调制方式,而在输出高频率段时换成同步调制控制方式。这种综合调制控制方式,其效果与分段同步调制方式相接近。

（3）SPWM 波形的生成

　　SPWM 的控制就是根据三角波载波和正弦调制波用比较器来确定它们的交点,在交点时刻对功率开关器件的通断进行控制。这个任务一般用专用的大规模集成电路芯片等硬件电路来完成,也可以用计算机通过软件生成 SPWM 波形。专用的集成芯片有 Mullard 公司生产的 HEF4752、Siemens 公司生产的 SLE4520、Sanken 公司生产的 MB63HLL0 等。

练　　习

1. 换流方式有哪几种? 各有什么特点?
2. 什么是电压型逆变电路? 什么是电流型逆变电路? 两者各有何特点?
3. 试说明 PWM 控制的基本原理。
4. 什么是异步调制与同步调制? 两者各有何特点? 分段同步调制有什么优点?
5. 何为 UPS? 试说明图 4-30 所示 UPS 系统的工作原理。

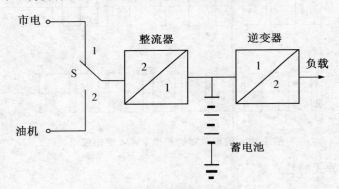

图 4-30　习题 5 用图

6. 如图 4-1 所示 DC/AC 逆变器,试画出三极管 T_1、T_2 的集电极 $UT_1(C)$、$UT_2(C)$ 波形图及变压器低压侧 UAB 的波形图,并尽可能标出波形参数。

模块二　串级调速系统

一、教学目标

1. 终极目标

能够掌握串级调速的工作原理及应用。

2. 促成目标

（1）能懂得有源逆变的基本工作原理。

（2）能知道串级调速的作用。

二、工作任务

这里介绍的串级调速系统主要由整流器、逆变器组成，是转子回路引入附加电势的调速，如图 4-31 所示为传统串级调速原理图，如图 4-32 所示为外反馈式高频斩波串级调速原理图，如图 4-33 所示为内反馈式高频斩波串级调速原理图，均能方便实现对高压大容量绕线型异步电动机的调速，节能效果好。这一模块的工作任务是掌握串级调速的工作原理及应用。

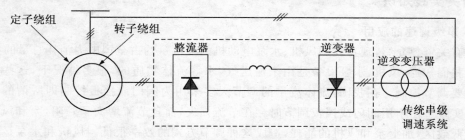

图 4-31 传统串级调速原理图

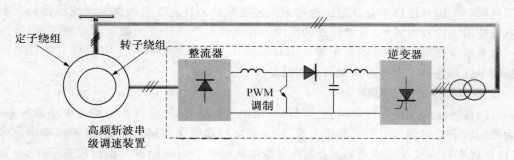

图 4-32 外反馈式高频斩波串级调速原理图

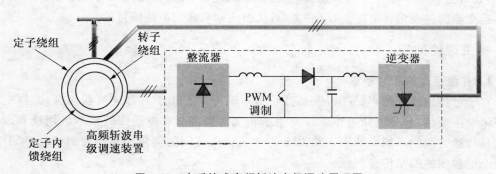

图 4-33 内反馈式高频斩波串级调速原理图

1. 传统串级调速原理

传统串级调速由调速装置等效地在电机转子回路中串入等效电势，通过改变装置中逆变器的逆变角 β 来改变等效电势大小，从而实现转速调节；同时将转子的转差功率反馈回电网而达到高效调速节能的目的。

2. 外反馈式高频斩波串级调速原理

外反馈式高频斩波串级调速——现代串级调速技术是固定逆变器的逆变角，通过高频

PWM 调制控制大功率电子开关的开通与关断时间,改变串入转子回路的等效电势大小,并将转差功率经逆变变压器反馈回电网,从而达到高效调速节能的目的。

3. 内反馈式高频斩波串级调速原理

内反馈式高频斩波串级调速——在定子绕组线槽内嵌入一个反馈绕组代替逆变变压器,将转差功率经该绕组反馈回电网,构成内反馈式高频斩波串级调速系统,使系统结构更趋简单高效。

三、相关实践知识

1. 串级调速的应用

据有关资料介绍,现在我国风机、水泵电动机的耗电量约占全国电力消耗总量的 35% ～ 40%。我们知道,风机、水泵设备是用来输送气、水等流体物质的,很多情况下,这些流体的流量需要调节控制。在我国,流体流量的调节大多采用为阀门或挡板控制即所谓的全速节流方式实现。由于用阀门或挡板调节时存在节流损失,而且节流增大了管阻,泵和风机往往运行在低效区,加上泵和风机的能耗,造成这种调节方式的效率很低。风机和水泵运行中还有很大的节能潜力,其潜力挖掘的焦点是提高风机和水泵的运行效率。目前,国际、国内公认的电机节能的调速技术有变频调速和串级调速两种。目前变频调速节能技术在低压小容量电机使用上已较为成熟,有着广泛的应用。在高压电机调速方面的应用才刚刚开始,面临的问题有造价昂贵、维修技术复杂等。而对于高压大电机调速应用上有明显节能技术经济优势的串级调速技术则相对来说较为普及。

2. 串级调速的基本原理

可控硅串级调速是在电动机转子回路中串一可变电势,通过改变电势的大小进行调速,电动机的转子功率经过可控有源逆变器,变为与电网同频率的交流电能,将转差功率返回电网,因此效率高。其基本原理如下:先将异步电机的转子电压经过三相桥式整流,整成直流(U_d),再在直流侧串入一个与其相反的直流电势(U_β),U_β 是由可控硅有源逆变器产生,通过改变逆变器的逆变角 β 来改变 U_β 的大小,从而达到调速与节能的目的。

四、相关理论知识

1. 有源逆变的工作原理

对于可控整流电路,只要满足一定的条件,就可以工作于有源逆变状态。此时,电路形式并未发生变化,只是电路工作条件发生了转变。整流与有源逆变的根本区别就表现在两者能量传送方向的不同。如图 4-34 所示两个直流电源间的能量传递示意图,我们来分析一下两个电源间的能量传递问题。

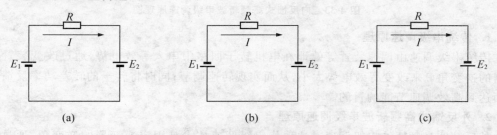

(a)　　　　　　　　(b)　　　　　　　　(c)

图 4-34　两个直流电源间的能量传递

图 4-34(a)为两个电源同极性连接,当 $E_1 > E_2$ 时,电流 I 从 E_1 正极流出,流入 E_2 正极,为顺时针方向,其大小为

$$I = \frac{E_1 - E_2}{R}$$

在这种连接情况下,电源 E_1 输出功率 $P_1 = E_1 I$,电源 E_2 则吸收功率 $P_2 = E_2 I$,电阻 R 上消耗的功率为 $P_R = P_1 - P_2 = RI^2$,P_R 为两电源功率之差。

图 4-34(b)也是两电源同极性相连,但两电源的极性与图(a)正好相反。当 $E_2 > E_1$ 时,电流仍为顺时针方向,但是从 E_2 正极流出,流入 E_1 正极,其大小为

$$I = \frac{E_2 - E_1}{R}$$

在这种连接情况下,电源 E_2 输出功率,而 E_1 吸收功率,电阻 R 仍然消耗两电源功率之差,即这 $R_R = P_2 - P_1$。

图 4-34(c)为两电源反极性连接,此时电流仍为顺时针方向,大小为

$$I = \frac{E_1 + E_2}{R}$$

此时电源 E_1 与 E_2 均输出功率,电阻上消耗的功率为两电源功率之和:$R_R = P_1 + P_2$。若回路电阻很小,则 I 很大,这种情况相当于两个电源间短路。

通过上述分析,我们知道:

(1)电流从电源正极端流出,则该电源就输出功率;反之,若电流从电源正极端流入,则该电源就吸收功率。

(2)两个电源同极性相连,回路电流从电动势高的电源正极流向电动势低的电源正极。如果回路电阻很小,即使两电源电动势之差不大,也可产生足够大的回路电流,使两电源间交换很大的功率。

(3)两个电源反极性相连时,相当于两电源电动势相加后再通过 R 短路。若回路电阻 R 很小,则回路电流会非常大,这种情况在实际应用中应当避免。

2. 有源逆变产生的条件

在上述两电源回路中,若用晶闸管变流装置的输出电压代替 E_1,用直流电机的反电动势代替 E_2,就成了晶闸管变流装置与直流电机负载之间进行能量交换的问题,如图 4-35 所示。

图 4-35(a)中有两组单相桥式变流装置,均可通过开关 S 与直流电动机负载相连。将开关拨向位置 1,且让 I 组晶闸管的控制角 $\alpha_1 < 90°$,则电路工作在整流状态,输出电压 U_{dI} 上正下负,波形如图 4-35(b)所示。此时,电动机作电动运行,电动机的反电动势 E 上正下负,并且通过调整 α 角使 $|U_{dI}| > |E|$,则交流电压通过 I 组晶闸管输出功率,电动机吸收功率。负载中电流 I_d 值为

$$I_d = \frac{U_{dI} - E}{R}$$

将开关 S 快速拨向位置 2。由于机械惯性,电动机转速不变,则电动机的反电动势 E 不变,且极性仍为上正下负。此时,若仍按控制角 $\alpha_x < 90°$ 触发 II 组晶闸管,则输出电压 U_{dx} 为

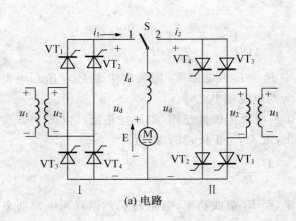

(a) 电路

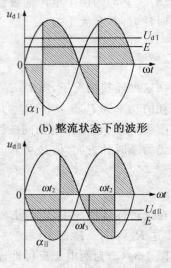

(b) 整流状态下的波形

(c) 逆变状态下的波形

图 4-35　单相桥式变流电路整流与逆变原理

上正下负,与 E 形成两电源顺串连接。这种情况与图 4-34(c)所示相同,相当于短路事故,因此不允许出现。

若当开关 S 拨向位置 2 时,又同时触发脉冲控制角调整到 $\alpha_r > 90°$,则 Ⅱ 组晶闸管输出电压 U_{dx} 将为上负下正,波形如图 4-35(c)所示。假设由于惯性原因电动机转速不变,反电动势不变,并且调整 x 角使 $|U_{dx}| < |E|$,则晶闸管在 E 与 u_2 的作用下导通,负载中电流为

$$I_d = \frac{E - U_{dx}}{R}$$

这种情况下,电动机输出功率,运小于发电制动状态,Ⅱ 组晶闸管吸收功率并将功率送回交流电网。这种情况就是有源逆变。

由以上分析及输出电压波形可以看出,逆变时的输出电压控制有的是与整流时相同,计算公式仍为

$$U_d = 0.9U_2\cos\alpha$$

因为此时控制角大于 $90°$,使得计算出来的结果小于零,为了计算方便,我们令 β 为逆变角,则

$$U_d = 0.9U_2\cos\alpha = 0.9U_2\cos(180° - \beta) = -0.9U_2\cos\beta$$

综上所述,实现有源逆变必须满足下列条件:

(1) 变流装置的直流侧必须外接电压极性与晶闸管导通方向一致的直流电源,且其值稍大于变流装置直流侧的平均电压。

(2) 变流装置必须工作在 $\beta < 90°$(即 $> 90°$)区间,使其输出直流电压极性与整流状态时相反,才能将直流功率逆变为交流功率送至交流电网。

(3) 为了保持逆变电流连续,逆变电路中都要串接大电感。

要指出的是,半控桥或接有续流二极管的电路,因它们不可能输出负电压,也不允许直流侧接上直流输出反极性的直流电动势,所以此电路不能实现有源逆变。

3. 逆变失败与逆变角的限制

(1) 逆变失败的原因

晶闸管变流装置工作有逆变状态时,如果出现电压 U_d 与直流电动势 E 顺向串联,则直流电动势 E 通过晶闸管电路形成短路。由于逆变电路总电阻很小,必然形成很大的短路电流,造成事故,这种情况称为逆变失败,或称为逆变颠覆。

造成逆变失败的原因主要有以下几种情况:

1) 触发电路故障。如触发脉冲丢失、脉冲延时等不能适时、准确地向晶闸管分配脉冲的情况,均会导致晶闸管不能正常换相。

2) 晶闸管故障。如晶闸管失去正常导通或阻断能力,该导通时不能导通,该阻断时不能阻断,均会导致逆变失败。

3) 逆变状态时交流电源突然缺相或消失。由于此时变流器的交流侧失去了与直流电动势 E 极性相反的电压,致使直流电动势经过晶闸管形成短路。

4) 逆变角 β 取值过小,造成换相失败。因为电路存在大感性负载,会使欲导通的晶闸管不能瞬间导通,欲关断的晶闸管也不能瞬间完全关断,因此就存在换相时两个管子同时导通的情况。这种在换相时两个晶闸管同时导通的所对应的电角度称为换相重叠角。逆变角可能小于换相重叠角,即 $\beta < \gamma$,则到了 $\beta = 0°$ 点时刻换流还未结束,此后使得该关断的晶闸管又承受正向电压而导通,尚未导通的晶闸管则在短暂的导通之后又受反压而关断,这相当于触发脉冲丢失,造成逆变失败。

(2) 逆变失败的限制

为了防止逆变失败,应当合理选择晶闸管的参数,对其触发电路的可靠性、元件的质量以及过电流保护性能等都有比整流电路更高的要求。逆变角的最小值也应严格限制,不可过小。

逆变时允许的最小逆变角 β_{min} 应考虑几个因素:不得小于换向重叠角 $\gamma(15°\sim25°)$,考虑晶闸管本身关断时所对应的电角度 $\delta(5°)$,考虑一个安全裕量 $\theta(10°)$ 等,这样最小逆变角 β_{min} 的取值一般为

$$\beta_{min} \geqslant \gamma_+ \delta + \theta = 30° \sim 35°$$

为了防止 β 小于 β_{min},有时要在触发电路中设置保护电路,使减小 β 时,不能进入 $\beta < \beta_{min}$ 的区域。此外还可在电路中加上安全脉冲产生装置,安全脉冲位置就设在 β_{min} 处,一旦工作脉冲移入 β_{min} 处,安全脉冲保证在 β_{min} 处触发晶闸管。

练　习

1. 无源逆变电路和有源逆变电路有何不同?
2. 使变流器工作于有源逆变状态的条件是什么?
3. 造成逆变失败的原因有哪些? 为什么要对最小逆变角加以限制?

4. 简单说明图 4-36 所示的串级调速系统的工作原理。

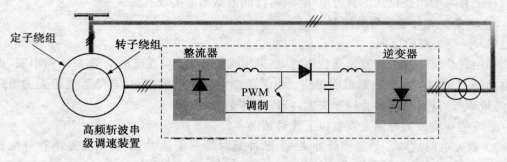

图 4-36 习题 4 用图

项目五 变频器的使用

本项目为变频器的使用训练。通过安装调试一台日本三垦迷你型变频器,使学生对电力电子器件的应用有一个整体的概念,从交流到直流的整流,再到直流逆变为频率可调的交流;同时通过交流开关的应用,围绕着变频器的安装、调试、维护等过程,得到综合的训练,使学生获得应用电力电子器件的综合能力。

一、教学目标

1. 终极目标

能够根据要求安装、使用变频器。

2. 促成目标

(1) 能知道变频器的基本工作原理。

(2) 能懂得变频器的基本性能特点。

(3) 能掌握变频器选择使用。

二、工作任务

安装、调试一台变频器。如图 5-1 所示为日本三垦迷你型变频器端子接线图。由于变频器型号较多,安装调试时一定要详细阅读厂家使用说明书。

三、相关实践知识

1. 变频器的定义及特点

变频器是一种静止的频率变换器,可将频率为 50Hz 的电网电源交流电变成频率可调的交流电。它通过改变频率来控制电机速度,作为电动机的调速装置,目前在国内外得到了广泛地使用。使用变频器可以节能、提高产品质量和劳动生产率等。

变频器具有以下特点:

(1) 节能:降低频率,电机转速减慢,可节省能量。比如,一台水泥厂的风机,功率是 132kW,它一旦启动就是 132kW。假如这时不需这么大的风力,就只好关闭一些阀门,但它还是会用 132kW 的电,浪费是必然的。用了变频器就不同了,需要多大的风力就调到相应的速度,其多余的能量就能节省下来。这就给厂家省下了一笔很可观的电费。一家水泥厂 250kW 的变频器,平时只用到 70% 的功率,自从装上变频器后,每小时节省 70 度电。照此计算,很快就会收回设备投资。目前,变频空调使用广泛,虽然价格贵一点,但是从长远的角度来考虑,它会从节电方面获得效益。

(2) 无极调速:根据需要任意调节电机转速。电机都有一个固定的转速,没有其他调速装置,这个转速固定不变。而有的工况下需要电机改变速度,没有变频器,只能通过滑差电

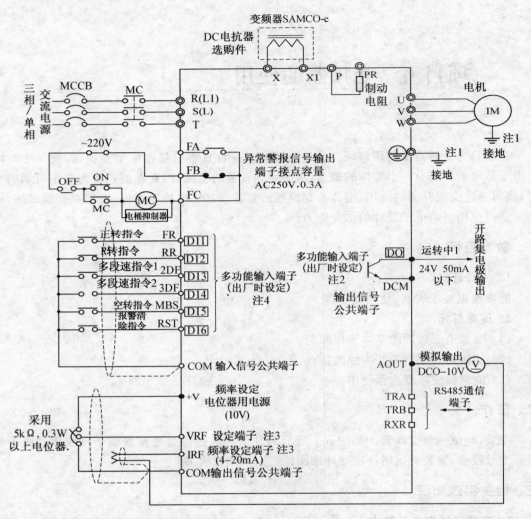

注1：变频器及电机，必须可靠接地后再使用。
注2：输出端子是通过功能码Cd683可分别设定的多功能端子。
注3：请通过功能码Cd002切换后使用，另外作为各种反
　　　馈信号的输入端子也可使用。
注4：输入端子，通过功能码Cd630～Cd635可分别设定的多功能端子。
注5：ES系列：单相输入；ET、EF：三相输入端子。

◎　主电路端子
○　控制电路输入端子
●　控制电路输出端子
□　通住电路端子

图 5-1　日本三垦迷你型变频器端子接线图

机或齿轮变速来实现，较复杂且笨重。有了变频器，就使一切变速的需求变得简单了。

（3）启动停止平稳：速度上升与下降平稳，冲击小。所以你在乘坐配有变频器的电梯时，就感觉不到振动和冲击，很舒适。变频器体积小、重量轻、安装方便、调试简单，作单机控制时，三根电源进线，三根出线接电机就完成了。加速减速，正转反转，所有的操作都在一个小小的键盘上完成，深受用户喜爱。它的应用领域也越来越普遍和广泛。

（4）具备多种信号输入输出端口：与工控机、编程器配合，方便形成自动化控制。

2. 变频器的选择

由于变频器的控制方式不同，各种型号的变频器的应用场合也有所不同。为了达到最优的控制，选择变频器是非常重要的，可根据以下几点考虑选择变频器。

（1）根据负载特性选择变频器。选择变频器时必须要充分了解变频器所驱动的负载特性。人们在实践中常将生产机械分为三种类型，即恒转矩负载、恒功率负载以及风机和泵类负载。第一类恒转矩负载的负载转矩 T_L 与转速 n 无关，任何转速下 T_L 总保持恒定或基本恒定。例如传送带、搅拌机、挤压机等摩擦类负载以及吊车、提升机等位能负载都属于恒转矩负载。变频器拖动恒转矩性质的负载时，低速下的转矩要足够大，并且有足够的过载能力。第二类恒功率负载的恒功率性质是就一定的速度变化范围而言的。当速度很低时，受机械强度的限制，T_L 不可能无限增大，在低速下转变为恒转矩性质。负载的恒功率区和恒转矩区对传动方案的选择有很大的影响。电动机在恒磁通调速时，最大容许输出转矩不变，属于恒转矩调速；而在弱磁调速时，最大容许输出转矩与速度成反比，属于恒功率调速。如果电动机的恒转矩和恒功率调速的范围与负载的恒转矩和恒功率范围相一致，即所谓"匹配"的情况下，电动机的容量和变频器的容量均最小。例如机床主轴和轧机，造纸机，塑料薄膜生产线中的卷取机、开卷机等要求的转矩，大体与转速成反比，这就是所谓的恒功率负载。第三类风机、泵类负载随叶轮的转动，空气或液体在一定的速度范围内所产生的阻力大致与速度 n 的 2 次方成正比。随着转速的减小，转速按转速的 2 次方减小。这种负载所需的功率与速度的 3 次方成正比。当所需风量、流量减小时，利用变频器通过调速的方式来调节风量、流量，可以大幅度地节约电能。由于高速时所需功率随转速增长过快，与速度的 3 次方成正比，所以通常不应使风机、泵类负载超速运行。

（2）选择变频器时应以实际电机电流值作为变频器选择的依据，电机的额定功率只能作为参考。另外应充分考虑变频器的输出含有高次谐波，会造成电动机的功率因数和效率都会变坏。因此，用变频器给电动机供电与用工频电网供电相比较，电动机的电流增加 10% 而温升增加约 20%。所以在选择电动机和变频器时，应考虑到这种情况，适当留有裕量，以防止温升过高，影响电动机的使用寿命。

（3）变频器驱动绕线转子异步电动机时，由于绕线式电动机与普通的鼠笼式电动机相比，绕线式电动机绕组的阻抗小。因此，容易发生由于纹波电流而引起的过电流跳闸现象，所以应选择比通常容量稍大的变频器。

（4）驱动防爆电动机时，变频器没有防爆构造，应将变频器设置在危险场所之外。

（5）对于压缩机、振动机等转矩波动大的负载和油压泵等有峰值负载情况下，如果按照电动机的额定电流或功率值选择变频器的话，有可能发生因峰值电流使过电流保护动作现象。因此，应了解工频运行情况，选择比其最大电流更大的额定输出电流的变频器。变频器驱动潜水泵电动机时，因为潜水泵电动机的额定电流比通常电动机的额定电流大，所以选择变频器时，其额定电流要大于潜水泵电动机的额定电流。

（6）单相电动机不适用变频器驱动。

3. 变频器的安装与接线

（1）安装环境

1）变频器属电子设备，由它的防护形式决定，必须安装在室内，无水浸入，并且空气中湿度较低。

2）无易燃易爆气体、腐蚀性气体和液体飞溅，粉尘和纤维物少。

3）变频器发热量远大于其他常见开关电器，必须要有良好的通风，让热空气顺利排出。

4）变频器易受谐波干扰和干扰其他相邻电子设备，因此要考虑配置附加交流电抗器等外围设备和安装抗干扰电感滤波器。

5）安装位置要便于检查和维修操作。

6）长期运行的条件，对不同型号略有区别，一般：

环境温度：$-10\sim+(40\sim50)$℃；

相对湿度：$20\%\sim90\%$；

海拔：1000m 以下。

（2）变频器的通风散热

变频器的效率一般为 $97\%\sim98\%$，这就是说大约有 $2\%\sim3\%$ 的电能转变为热能，远远大于一般开关，如交流接触器等电器产生的热量。一般的配电箱是针对常用开关、交流接触器等电器而设计的。当这一类箱体内装进了变频器，就需仔细配置内部的安排，以确保通风散热合理性。

（3）变频器的外部布线

1）主回路导线载面按照电动机布线要求，电流密度一般在 $3\sim4A/mm^2$ 以下。

2）R、S、T 和 U、V、W 的主回路导线在铁管内保护布线时，不得一根或两根导线敷设在一根铁管内，必须三相的三根线布在同一个铁管内。这是由于正弦波三相电流瞬时值之和为零，不会在铁管上造成磁通和引起损耗而发热。

3）变频器输出 U、V、W 三根线如敷设在铁管和蛇皮金属管内，因铁管和蛇皮管存在分布电容，会造成变频器内部功率开关器件的瞬时脉冲过电流。一般在布线长度超过 30m（有管）时，变频器的 U、V、W 端子处须插入交流电抗器。当接入输出侧交流电抗器后，馈向电动机的总长度也不要超过 400m。

4）变频器的控制线必须远离输入输出强电导线，相距 100mm 以上，绝对不能为了布线美观把控制线和输入输出强电导线捆绑在一起。

5）变频器的输入信号线要使用双绞线或屏蔽线，以有效地减弱外界电磁场造成的干扰。双绞线的绞合程度应在每厘米为 1 绞以上。

6）多数变频器的操作键和显示部分做在一起，成为一个操作盒。操作盒可取下作远距离控制操作。此时连接导线往往是电缆或排线，要求它们远离电力线和输入输出强电导线，必要时应穿入屏蔽管套内。外部电器控制线很长时也需要屏蔽，方法相同。

7）粗的主回路电线与变频器接线端子连接时必须可靠连接。线头用标准的与接线端子相配的冷压端子，使用冷压钳压接。只有这样，才能保证连接可靠，不因局部接触不良而发热造成事故。

8）所有连接线接好后要进行检查，防止漏接、错接、碰地、短路。投入电源后，发现还要改接线时，首先要切除电源，并注意直流回路电容上的电完全放完（直流电压表测量小于25V），才可操作。

9）不能将负载功率因数校正用电容接到变频器的输出端，因电容的接入会导致逆变功率器件流过大的瞬变脉冲电流而损坏。

10）直流电抗器的参数要与变频器相配。安装前应去掉变频器上原 P_1、P_+ 上的短路铜件，在此处接入直流电抗器。

11）制动单元的母导线接到变频器的直流母线（P_+、N 端），制动单元和制动电阻的接线都要尽量短，长度不大于 5m，使用双绞线或密的平行线，导线的截面应不小于电机输电线的 $1/2\sim1/4$。当制动电阻不接时，绝对不能将 P_+ 端和 DB 端短路。

12）变频器外壳应可靠接地。

（4）变频器具备工频切换的重要性

变频器是电力电子设备，需要维护，一旦故障或要维修，不能因此而停产，应尽可能安装工频切换。不少连续化生产工艺上，用于风机、水泵的变频器如有工频切换，当变频器不能工作时立即切换到工频供电，用以前的风门、阀门调节风量、流量，照样不耽误生产，仅仅减少节能而已。

四、相关理论知识

1. 变频器的基本工作原理

变频器的变频电路形式有交—直—交变频电路与交—交变频电路两种。交—直—交变频电路就是把工频交流电先通过整流器整流成直流电，而后再通过逆变器，把直流电逆变成为频率可调的交流电。交—直—交变换器可分为电压型和电流型。交—交变频电路是将50Hz的工频交流电直接变换成其他频率的交流电，一般输出频率均小于电网频率，这是一种直接的变频方式。

（1）交—直—交变频器

目前已被广泛地应用在交流电动机变频调速中的变频器是交—直—交变频器。在交流电动机的变频调速控制中，为了保持额定磁通基本不变，在调节定子频率的同时必须同时改变定子的电压。因此，必须配备变压变频（variable voltage variable frequency，VVVF）装置，它的核心部分就是变频电路。按照不同的控制方式，交—直—交变频器可分成以下三种方式：

1）采用可控整流器调压、逆变器调频的控制方式，其结构框图如图 5-2 所示。在这种装置中，调压和调频在两个环节上分别进行，在控制电路上协调配合，结构简单，控制方便。但是，由于输入环节采用晶闸管可控整流器，当电压调得较低时，电网端功率因数较低。而输出环节多用晶闸管组成多级逆变器，每周换相六次，输出的谐波较大，因此这类控制方式现在用得较少。

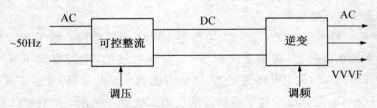

图 5-2　可控整流器调压、逆变器结构框图

2）采用不控整流器整流、斩波器调压、再用逆变器调频的控制方式，其结构框图如图 5-3所示。整流环节采用二极管不控整流器，只整流不调压，再单独设置斩波器，用脉宽调压，这种方法克服了功率因数较低的缺点，但输出逆变环节未变，仍有谐波较大的缺点。

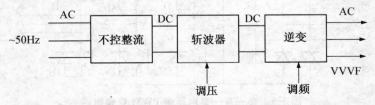

图 5-3　不控整流器整流、斩波器调压、再用逆变器结构框图

3) 采用不控制整流器整流、脉宽调制(PWM)逆变器同时调压调频的控制方式,其结构框图如图 5-4 所示。在这类装置中,用不控整流,则输入功率因数不变;用(PWM)逆变,则输出谐波可以减小。这样图 5-4 装置的两个缺点都消除了。PWM 逆变器需要全控型电力半导体器件,其输出谐波减少的程度取决于 PWM 的开关频率,而开关频率则受器件开关时间的限制。采用绝缘双极型晶体管 IGBT 时,开关频率可达 10 kHz 以上,输出波形已经非常逼近正弦波,因而又称为 SPWM 逆变器,成为当前最有发展前途的一种装置形式。

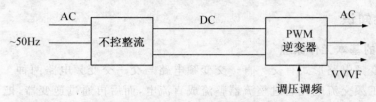

图 5-4　不控制整流器整流、脉宽调制(PWM)逆变器结构框图

在交—直—交变频器中,当中间直流环节采用大电容滤波时,直流电压波形比较平直。在理想情况下是一个内阻抗为零的恒压源,输出交流电压是矩形波或阶梯波,这类变频器叫做电压型变频器,如图 5-5(a)所示。当交—直—交变频器的中间直流环节采用大电感滤波时,直流电流波形比较平直,因而电源内阻抗很大,对负载来说基本上是一个电流源,输出交流电流是矩形波或阶梯波,这类变频器叫做电流型变频器,如图 5-5(b)所示。

(a) 电压型变频器　　　　　　　　　　　　　(b) 电流型变频器

图 5-5　变频器结构框图

下面给出几种典型的交—直—交变频器的主电路。

① 交—直—交电压型变频电路

图 5-6 所示是一种常用的交—直—交电压型 PWM 变频电路。它采用二极管构成整流器,完成交流到直流的变换,其输出直流电压 U_d 是不可控的;中间直流环节用大电容 C 滤波;电力晶体管 $T_1 \sim T_6$ 构成 PWM 逆变器,完成直流到交流的变换,并能实现输出频率和电压的同时调节;$D_1 \sim D_6$ 是电压型逆变器所需的反馈二极管。从图 5-6 中可以看出,出于整流电路输出的电压和电流极性都不能改变,因此该电路只能从交流电源向中间直流电路传输功率,进而再向交流电动机传输功率,而不能从直流中间电路向交流电源反馈能量。

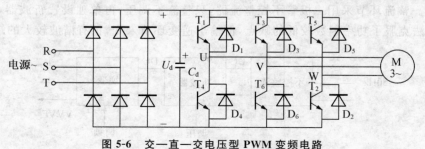

图 5-6　交—直—交电压型 PWM 变频电路

当负载电动机由电动状态转入制动运行时，电动机变为发电状态，其能量通过逆变电路中的反馈二极管流入直流中间电路，使直流电压升高而产生过电压，这种过电压称为泵升电压。为了限制泵升电压，如图 5-7 所示，可给直流侧电容并联一个由电力晶体管 T_0 和能耗电阻 R 组成的泵升电压限制电路。当泵升电压超过一定数值时，使 T_0 导通，能量消耗在 R 上。这种电路可运用于对制动时间有一定要求的调速系统中。

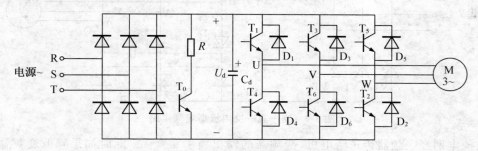

图 5-7 带有泵升电压限制电路的变频电路

在要求电动机频繁快速加减的场合，上述带有泵升电压限制电路的变频电路耗能较多，能耗电阻 R 也需较大的功率。因此，希望在制动时把电动机的动能反馈回电网。这时，需要增加一套有源逆变电路，以实现再生制动，如图 5-8 所示。

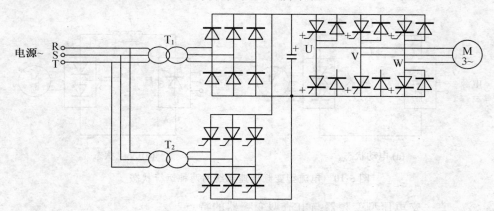

图 5-8 可以再生制动的变频电路

② 交—直—交电流型变频电路

图 5-9 给出了一种常用的交—直—交电流型变频电路。其中，整流器采用晶闸管构成的可控整流电路，完成交流到直流的变换，输出可控的直流电压 U，实现调压功能；中间直流环节用大电感 L 滤波；逆变器采用晶闸管构成的串联二极管式电流型逆变电路，完成直流到交流的变换，并实现输出频率的调节。

由图可以看出，电力电子器件的单向导向性，使得电流 I_d 不能反向，而中间直流环节采用的大电感滤波，保证了 I_d 的不变，但可控整流器的输出电压 U_d 是可以迅速反向的。因此，电流型变频电路很容易实现能量回馈。图 5-10 给出了电流型变频调速系统的电动运行和回馈制动两种运行状态。其中，U_R 为晶闸管可控整流器，U_I 为电流型逆变器。当可控整流器 U_R 工作在整流状态（$\alpha < 90°$），逆变器工作在逆变状态时，电机在电动状态下运行，如图 5-10(a)所示。这时，直流回路电压 U_d 的极性为上正下负，电流由 U_d 的正端流入逆变器，电

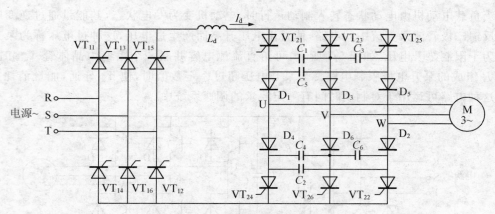

图 5-9   交—直—交电流型变频电路

能由交流电网经变频器传送给电机,变频器的输出频率 $\omega_1 > \omega$。此时如果降低变频器的输出频率,或从机械上抬高电机转速 ω,使 $\omega_1 < \omega$,同时使可控整流器的控制角 $\alpha > 90°$,则异步电机进入发电状态,如图 5-10(b)所示,且直流回路电压 U_d 立即反向,而电流 I_d 方向不变。于是,逆变器 U_I 变成整流器,而可控整流器 U_R 转入有源逆变状态,电能由电机回馈给交流电网。

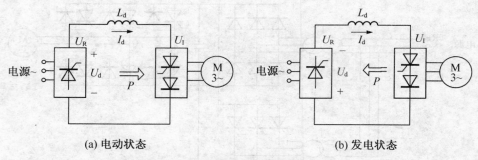

(a) 电动状态   (b) 发电状态

图 5-10   电流型变频调速系统的两种运行状态

③ 交—直—交电压型变频器与电流型变频器的特点

电压型变频器和电流型变频器的区别在于中间直流环节滤波器的形式不同,使电压型变频器输出电压波形为矩形波、电流波形近似正弦波,可适用于多台电动机同步运行时的供电电源但不要求快速加减速的场合;电流型变频器输出电流波形为矩形波、电压波形为近似正弦波,适用于一台变频器给一台电机供电的单电机传动,但可以满足快速起、制动和可逆运行的要求。

(2) 交—交变频器

单相交—交变频电路由两组反并联的晶闸管整流器构成,如图 5-11(a)所示。根据其控制方式的不同,可分为方波型与正弦波型交—交变频器。

1) 方波型交—交变频器

当正组供电时,负载上获得正向电压;当反组供电时,负载上获得负向电压。如果在各组工作期间 α 角不变,则输出电压为矩形波交流电压,如图 5-11(b)所示。改变正、反组切换频率可以调节输出交流电的频率,而改变 α 大小即可调节矩形波的幅值。

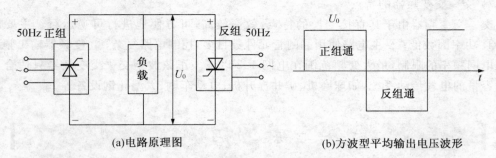

(a)电路原理图　　　　　　　　　(b)方波型平均输出电压波形

图 5-11　交—交变频电路及方波型输出电压波形

2) 正弦波型交—交变频器

正弦波型交—交变频器的主电路与方波型的主电路相同,但正弦波型交—交变频器输出电压的平均值按正弦规律变化,克服了方波型交—交变频器输出波形高次谐波成分大的缺点。在正组桥整流工作时,使控制角 α 从 $\frac{\pi}{2} \rightarrow 0 \rightarrow \frac{\pi}{2}$,输出的平均电压由低到高再到低的变化。而在反组桥逆变工作时,使控制角 α 从 $\frac{\pi}{2} \rightarrow 0 \rightarrow \frac{\pi}{2}$,就可以获得平均值可变的负向逆变电压,如图 5-12 所示。

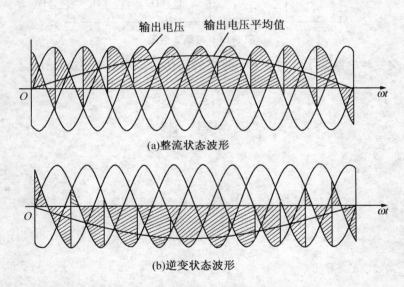

(a)整流状态波形

(b)逆变状态波形

图 5-12　正弦波型交—交变频器输出电压波形

正弦波型交—交变频器输出正弦波形的最常用的方法是余弦交点法,该方法的原则是:触发角的变化和切换应使得整流输出电压的瞬时值与理想正弦电压的瞬时值误差最小。交—交变频电路的输出电压是由若干段电源电压拼接而成的。在输出电压的一个周期内,所包含的电源电压段数越多,其波形就越接近正弦波。使控制角从 α 从 $\frac{\pi}{2} \rightarrow 0 \rightarrow \frac{\pi}{2}$,改变 α_0,就改变了输出电压的峰值,也就改变了输出电压的有效值;改变 α_0 变化的速率,也就改变了输出电压的频率。

3）交—交变频器的特点

交—交变频器由于其直接变换的特点,效率较高,可方便地进行可逆运行。主要缺点是:① 功率因数低;② 主电路使用晶闸管元件数目多,控制电路复杂;③ 变频器输出频率受到其电网频率的限制,最大变频范围在电网 1/2 以下。正弦波型交—交变频器只适合于低速大容量的电气传动系统,如球磨机、矿井提升机、电动车辆、大型轧钢设备等。

练   习

1. 什么是变频器? 变频器的主要作用是什么?
2. 试说明图 5-13 所示的交—直—交变频电路的工作原理。

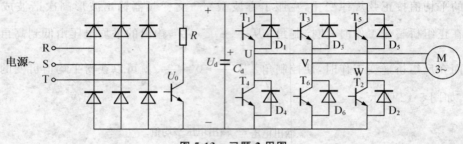

图 5-13 习题 2 用图

3. 交—交变频电路的主要特点和不足之处是什么? 其主要用途是什么?

参 考 文 献

［1］周渊深,宋永英.电力电子技术.北京：机械工业出版社,2009.

［2］黄家善.电力电子技术.北京：机械工业出版社,2008.

［3］龙志文.电力电子技术.北京：机械工业出版社,2005.

［4］渊孟春,胡媛媛.电力电子技术实践教程.长沙：国防科技大学出版社,2005.

［5］钱平.交直流调速控制系统.北京：高等教育出版社,2006.